Das nordwestdeutsche

Erdölvorkommen

Chemisch-physikalisch-geologisch

Von

Dr. Heinrich Offermann,
techn. Direktor der Mineralölwerke F. Saigge & Cie., m. b. H., Peine

Springer Fachmedien Wiesbaden GmbH
1917

ISBN 978-3-663-19851-2 ISBN 978-3-663-20189-2 (eBook)
DOI 10.1007/978-3-663-20189-2

Inhaltsverzeichnis.

Einleitung.

In der chemischen Literatur ist das deutsche Erdöl nur ganz nebensächlich behandelt worden. So widmen Engler-Höfer in ihrem 800 Seiten umfassenden Band I, 1913 dem gesamten norddeutschen Erdölvorkommen nur drei Seiten Raum. Das Hänigser Vorkommen ist in diesem Werke mit folgenden Worten abgetan: „Das Rohöl ist von ganz ähnlicher Beschaffenheit wie das Wietzer Rohöl."

Vollständig unerwähnt geblieben ist die 1909 ins Leben gerufene, nicht unbedeutende Obershagen-Dannhorster Erdölindustrie. Während meiner fast 25jährigen Tätigkeit als technischer Leiter der Mineralölwerke F. Saigge & Cie. G. m. b. H., Peine, und in meiner Eigenschaft als Mitbegründer der den Mineralölwerken angegliederten Tochtergesellschaften:

1. Erdölbohrgesellschaft Wietze m. b. H., Peine,
2. Rheinisch-Hannoversche Erdölwerke, G. m. b. H., Peine,
3. Wietze-Geestemünder Erdölbohrgesellschaft m. b. H., Peine

hatte ich reichlich Gelegenheit, sämtliche Typen norddeutscher Öle durch Analysierung und Verarbeitung kennen zu lernen und mich in die einschlägigen geologischen Grundlagen zu vertiefen.

Der Zweck dieser Veröffentlichung ist:

I. Die chemisch-physikalischen Eigenschaften der Rohöle, die in den fraglichen nordwestdeutschen Rohölproduktionsgebieten:

Wietze-Steinförde,
Hänigsen-Obershagen,
Ölheim

gewonnen werden, festzustellen;

II. Eine systematische Einteilung der Rohöle auf chemisch-physikalisch-geologischer Grundlage vorzunehmen;

III. Die Veränderungen der einzelnen Rohöle festzustellen, welche sie während eines längeren Beobachtungszeitraumes in chemisch-physikalischer Hinsicht erfahren haben, und zwar:

a) an der Produktionsstätte selber,

b) beim Lagern in geschlossenen Gefäßen;

IV. Die Herkunft und die Eigenschaften des Hänigsen-Obershagener und Ölheimer Erdöles als Folge der Migration und Filtration des Wietzer Schwer- und Leichtöles nachzuweisen;

V. Das bestehende Interesse für die nordwestdeutsche Tiefbohrindustrie in planmäßige Bahnen zu lenken und so einer planlosen Geldvergeudung entgegenzuarbeiten.

Es ist mir eine überaus angenehme Pflicht, an dieser Stelle allen den Herren zu danken, durch deren gütiges Entgegenkommen diese Arbeit unterstützt und gefördert wurde.

Namentlich danke ich der Direktion der Deutschen Mineralölindustrie Aktiengesellschaft Wietze für die gütige Überlassung zahlreicher Originalrohölproben aus ihren Wietzer, Hänigser und Ölheimer Produktionen. Aus demselben Grunde spreche ich Herrn Direktor Bösche der Vereinigten Deutschen Petroleumwerke Aktiengesellschaft Ölheim meinen ergebensten Dank aus. Ferner bin ich Herrn Direktor Klinke, Peine, und Herrn Bohringenieur Burggraf in Celle für die Unterstützung, die sie mir bei der Ausführung des vorliegenden Werkes zuteil werden ließen, zu aufrichtigstem Dank verpflichtet.

Peine, im Dezember 1916.

Dr. **Offermann.**

I. Die chemisch-physikalischen Eigenschaften der Rohöle, die in den fraglichen nordwestdeutschen Erdölproduktionsgebieten gewonnen werden.

Die chemisch-physikalischen Untersuchungsmethoden.

1. Fraktionierte Destillation.

Sie wurde in dem für zoll- und handelstechnische Zwecke vorgeschriebenen metallenen Destillationsapparate ausgeführt.

Der von Engler-Ubbelohde eingeführte gläserne Destillationsapparat konnte nicht benutzt werden, weil die sämtlichen früheren Bestimmungen ebenfalls in dem metallenen Apparate ausgeführt waren, und zwar zu einer Zeit, als der Englersche Apparat noch nicht bekannt war. Bekanntlich differieren die Zahlen für ein und dasselbe Öl, in beiden Apparaten bestimmt, nicht unwesentlich, und es war deshalb erforderlich, zur Vergleichung der früher erhaltenen Resultate den metallenen Destillationsapparat weiterhin zu benutzen.

2. Flammpunkt.

Die Bestimmung des Flammpunktes wurde nach der von Prof. Marcusson verbesserten offenen Tiegelmethode ausgeführt.

3. Benzinlöslichkeit und Helligkeitsangabe.

1 Tl. Öl und 40 Tle. Normalbenzin wurden in einem 10 mm lichten und in 0,5 ccm eingeteilten Glase geschüttelt und Farbe und Bodensatz nach 24stündigem Stehen beobachtet.

4. Asphaltbestimmung.

Die Asphaltbestimmung geschah nach der Holdeschen Methode durch Auflösen von 5 Tln. Öl in der 40fachen Menge Normalbenzin, 24stündiges Stehenlassen, Filtrieren, Ausziehen des ausgewaschenen Rückstandes mit Benzol in eine tarierte Schale, Eindampfen, Trocknen und Wiegen des Asphaltes.

Bemerkungen zu den Analysentabellen.

In den nachfolgenden Tabellen sind die einzelnen Ölgattungen, der systematischen Einteilung entsprechend, gruppiert.

Die Reihenfolge der Tabellen bezüglich des Steinförder und Zentral-Wietzer Gebietes entspricht der natürlichen Anordnung der sich auf der Allerlinie anschließenden Gewerkschaften, beginnend mit Steinförde und endigend in nordwestlicher Richtung jenseits der Wietzemündung in Bannetze.

Da sich die Öle in einem Jahrzehnt und darüber hinaus teilweise verändert haben, die älteren Analysen aber einen historischen und wissenschaftlichen Wert besitzen und nicht übergangen werden konnten, so sind die älteren und neueren Analysen nebeneinander aufgeführt, und zwar letztere in Fettschrift.

Folgende Abkürzungen kommen sowohl im Text wie auch in den Tabellen zur Anwendung:

August-Hermannsglück Gewerkschaft	A. H. G
Berliner Handelsgesellschaft	B. H.
Celler Erdölwerke	C. E. W.
Celle-Wietze A.-G.	C. W.
Deutsche Mineralöl-Industrie A.-G. Wietze	D. M. I.
Deutsche Tiefbohrgesellschaft	D. T.
Erdöl-Bohr-Gesellschaft Wietze m. b. H. Peine	E. B. G. W. Peine
Erdölwerke Hänigsen	E. W. Hänigsen
Erdölwerke Fiedler	E. W. F.
Gewerkschaft Dannhorst	G. D.
Hannoversch-Westfälische Erdölwerke	H. W. E. W.
Internationale Bohrgesellschaft	I. B.
Kronprinzessin-Gewerkschaft	Krpr.
Krug von Nidda	K. v. N.
Maatschappy tot Exploitatie van Olibronnen	M.
Norddeutschland-Gewerkschaft	Nordd.
Norddeutsche Bohrgesellschaft	Nordd. B.
Dr. Nordmann	Dr. N.
Niederländisch-Deutsch	N. D.
Nordwest	N. W.
Rheinisch-Hannoversche Erdölwerke G. m. b. H. Peine	Rh. H. E. W. Peine
Rheingold	Rhg.
Steinförder Erdölwerke	St. E. W.
Vereinigte Deutsche Petroleum-Werke A.-G.	V. D. P. W.
Vereinigte Deutsche Mineralölwerke	V. N. M.
Wietze-Geestemünder Erdölbohrgesellschaft Peine	W. G. E. B. P.
Wietzer Ölwerke Hornbostel	W. O. W.

A. Analyse von Wietze-Steinförder Ölen.

Tafel I. Schweröl des Wietze-Steinförder Ölgebietes.
Revier: Steinförde.

Gewerkschaft:	St. E. W.	Nordd.	Krprz.	Hubertus	E. B. G. W. Peine		Union	Rebecka
Datum der Untersuchung	1906	1906	1909	1915	1909	**1916**	1915	1914
Chem.-phys. Eigenschaften:								
Farbe	dunkel-kaffeebraun	dunkel-kaffeebraun	dunkel-kaffeebraun	dunkel-kaffeebraun	dunkel-kaffeebraun	**dunkel-kaffeebraun**	dunkel-kaffeebraun	dunkel-kaffeebraun
Spez. Gew. bei 20° C	0,942	0,932	0,940	0,938	0,933	**0,943**	0,934	0,936
Flammpunkt	72°	62°	71°	68°	70°	**102°**	72°	71°
Viskosität bei 20° C	55,8	46,4	54,8	56,8	64,5	**109,5**	63,3	59,8
Kältetest	— 20° 8 mm	— 20° 6 mm	— 20° 6 mm	— 20° 8 mm	— 20° 7 mm	**— 15° 3 mm**	— 20° 4 mm	— 20° 6 mm
Benzin 1 : 40	undurch-sichtig	undurch-sichtig	undurch-sichtig	undurch-sichtig	undurch-sichtig	**undurch-sichtig**	undurch-sichtig	undurch-sichtig
Asphalt	0,64 %	0,68 %	0,52 %	0,68 %	0,64 %	**1,17 %**	0,69 %	0,72 %
Fraktionierte Destillation:								
Siedebeginn	221°	219°	223°	225°	227°	**232°**	226°	223°
Bis 150°	—	—	—	—	—	—	—	—
„ 250°	2,5 %	3,0 %	2,0 %	2,0 %	2,0 %	**2,0 %**	2,5 %	2,5 %
„ 275°	7,5 „	8,5 „	7,5 „	7,0 „	8,0 „	**5,5 „**	7,5 „	8,0 „
„ 300°	14,0 „	14,5 „	14,5 „	14,0 „	14,5 „	**12,0 „**	13,5 „	14,5 „
„ 325°	20,0 „	21,0 „	21,0 „	21,0 „	19,5 „	**19,5 „**	20,5 „	21,5 „
„ 350°	37,0 „	38,0 „	37,5 „	37,0 „	37,0 „	**34,0 „**	37,5 „	39,0 „

Tafel II. Schweröl des Wietze-Steinförder Ölgebietes.

Revier: Zentral-Wietze.

Gewerkschaft:	C. W.	B. H. Teufelsinsel	B. H. jetzige D. M. I. Teufelsinsel	B. H. Mühle	E. B. G. W. Peine			N. D.	Monopol	Hacke	C. E. W.
Bohrloch Nr.	3	4	—	—	1	2	3	—	—	—	—
Datum der Untersuchung	1905	1906	**1916**	1905	1903	1903	1903	1909	1909	1911	1910
Chem.-phys. Eigenschaft.:											
Farbe	kaffeebraun	kaffeebraun	**kaffeebraun**	kaffeebraun	kaffeebraun	kaffeebraun	kaffeebraun	kaffeebraun	kaffeebraun	kaffeebraun	kaffeebraun
Spez. Gew. bei 20° C	0,934	0,935	**0,950**	0,935	0,936	0,939	0,934	0,938	0,938	0,937	0,936
Flammpunkt	72°	70°	**115°**	75°	81°	82°	78°	76°	78°	82°	78°
Viskosität bei 20° C	65,3	64,2	**337,4**	66,9	66,8	66,7	57,6	69,9	71,7	67,9	66,5
Kältetest	-20° 8 mm	-20° 6 mm	**-15° 8 mm**	-20° 5 mm	-20° 4 mm	-20° 5 mm	-20° 6 mm	-20° 5 mm	-20° 5 mm	-20° 8 mm	-20° 6 mm
Benzin 1 : 40	undurchsichtig	undurchsichtig	**undurchsichtig**	undurchsichtig	undurchsichtig	undurchsichtig	undurchsichtig	undurchsichtig	undurchsichtig	undurchsichtig	undurchsichtig
Asphalt	0,68 %	0,59 %	**1,70 %**	0,63 %	0,58 %	0,56 %	0,60 %	0,68 %	0,70 %	0,67 %	0,72 %
Fraktionierte Destillation:											
Siedebeginn	226°	224°	**271°**	222°	224°	221°	225°	230°	225°	232°	224°
Bis 150°	—	—	—	—	—	—	—	—	—	—	—
„ 250°	2,5 %	2,0 %	—	2,5 %	3,0 %	2,5 %	2,5 %	2,5 %	2,0 %	2,0 %	2,5 %
„ 300°	8,5 „	8,5 „	**1,0 %**	8,0 „	8,5 „	9,0 „	8,0 „	8,0 „	8,5 „	7,5 „	8,0 „
„ 325°	14,0 „	13,5 „	**7,5 „**	14,5 „	14,0 „	15,0 „	14,5 „	14,0 „	13,5 „	14,0 „	14,5 „
„ 350°	20,5 „	20,0 „	**16,5 „**	21,0 „	20,5 „	22,0 „	21,5 „	21,0 „	20,5 „	22,0 „	20,5 „
„ 375°	37,5 „	36,5 „	**40,5 „**	37,0 „	37,5 „	38,0 „	37,5 „	36,5 „	36,0 „	36,5 „	37,0 „

Tafel III. Schweröl des Wietze-Steinförder Ölgebietes.
Revier: Aller (linkes Allerufer bis Schafbrücke).

Gewerkschaft:	V. N. M.	V. N. M.	D. M. I.
Bohrlochnummer	—	—	**21, 22, 26**
Datum der Untersuchung	1913	1913	**1916**
Chemisch-phys. Eigenschaften:			
Farbe	braunschwarz	braunschwarz	**braunschwarz**
Spez. Gew. bei 20° C	0,939	0,937	**0,943**
Flammpunkt	71°	76°	**115°**
Viskosität bei 20° C	82,5	57,6	**137,4**
Kältetest	— 20° 6 mm	— 16° 1 mm	**— 16° 3 mm**
Benzin 1 : 40	undurchsichtig	undurchsichtig	**undurchsichtig**
Asphalt	0,58°	0,96 %	**1,34 %**
Fraktionierte Destillation:			
Siedebeginn	240°	250°	**243°**
Bis 150°	—	—	—
„ 250°	1,0 %	—	**0,5 %**
„ 275°	—	—	**4,5 „**
„ 300°	11,5 %	13,0 %	**9,5 „**
„ 325°	—	—	**15,0 „**
„ 350°	31,0 %	29,5 %	**28,5 „**

Tafel IV. Schweröl des Wietze-Steinförder Ölgebietes.
Revier: Bannetze, rechtes Allerufer.

Gewerkschaft:	**V. N. M.**	**C. W.**
Bohrlochnummer	**249**	**151**
Lage	**Fortsetz. d. Allerlinie in Süd-Bannetze**	**Fortsetz. d. nördlichen Wealdenöllinie in Bannetze**
Teufe	**252 m**	**245 m**
Datum der Untersuchung	**Dezember 1916**	**Dezember 1916**
Chemisch-phys. Eigenschaften:		
Farbe	**braunschwarz**	**braunschwarz**
Spez. Gew. bei 20° C	**0,946**	**0,952**
Flammpunkt	**121°**	**128°**
Viskosität bei 20° C	**183,6**	**227°**
Kältetest	**— 15° 1 mm**	**— 15° 1 mm**
Benzin 1 : 40	**undurchsichtig**	**undurchsichtig**
Asphalt	**1,42 %**	**1,05 %**
Fraktionierte Destillation:		
Siedebeginn	**245°**	**257°**
Bis 150°	—	—
„ 250°	—	—
„ 275°	**1,5 %**	**2,8 %**
„ 300°	**6,0 „**	**8,5 „**
„ 325°	**12,5 „**	**14,5 „**
„ 350°	**26,0 „**	**31,5 „**

Tafel V. Nördliche Wealdenöle des Wietze-Steinförder Ölgebietes.

Revier: Hornbostel.

Gewerkschaft:	C. W. Hornbostel	C. W. Hornbostel	W. O. W. Hornbostel	N. D.	Glückauf Hornbostel, Feld der Atlas
Datum der Untersuchung	1906	1906	1907	1909	1912
Chem.-phys. Eigenschaft.:					
Farbe	braun-schwarz	braun-schwarz	braun-schwarz	braun-schwarz	braun-schwarz
Spez. Gew. bei 20° C	0,9495	0,954	0,947	0,955	0,957
Flammpunkt	128°	128°	123°	81°	99°
Viskosität bei 20° C	265,3°	305,6	271,5	274,5	271,7
Kältetest	-20° 1 mm	-15° 2 mm	-20° 1 mm	-15° 1 mm	-15° 1 mm
Benzin 1 : 40	undurch-sichtig	undurch-sichtig	undurch-sichtig	—	—
Asphalt	1,42 %	1,30 %	1,75 %	1,68 %	1,91 %
Fraktionierte Destillation:					
Siedebeginn	261°	264°	260°	259°	263°
Bis 150°	—	—	—	—	—
„ 250°	—	—	—	—	—
„ 275°	—	—	—	—	—
„ 300°	6,0 %	5,5 %	6,0 %	6,5 %	6,5 %
„ 325°	—	—	—	—	—
„ 350°	25,5 %	25,5 %	25,0 %	26,0 %	26,5 %

Tafel VI. Schweröl des Wietze-Steinförder Ölgebietes.

Revier: M. und H. W. E. W. Linke Landstraßenseite Celle-Schwarmstedt.

Gewerkschaft:	Poock, spätere M. bzw. D. M. I.	Poock, spätere M. bzw. D. M. I.	Poock, spätere M. bzw. D. M. I.	Reinhold-Schrader, später H. W. E. W. jetzt D. M. I.	Reinhold-Schrader, später H. W. E. W. jetzt D. M. I.
Datum der Untersuchung	1894	1896	1896	1896	1897
Chem.-phys. Eigenschaft.:					
Farbe	dunkel-kaffeebraun	dunkel-kaffeebraun	dunkel-kaffeebraun	dunkel-kaffeebraun	dunkel-kaffeebraun
Spez. Gew. bei 20° C	0,951	0,953	0,955	0,949	0,948
Flammpunkt	82°	85°	91°	79°	81°
Viskosität bei 20° C	91,3°	111,8	122,4	82,3°	85,3
Kältetest	-20° 5 mm	-20° 2 mm	-20° 1 mm	-20° 4 mm	-20° 2 mm
Benzin 1 : 40	undurch-sichtig	undurch-sichtig	undurch-sichtig	undurch-sichtig	undurch-sichtig
Asphalt	0,91 %	1,05 %	1,03 %	0,89 %	0,90 %
Fraktionierte Destillation:					
Siedebeginn	230°	233°	229°	227°	225°
Bis 150°	—	—	—	—	—
„ 250°	1,0 %	0,5 %	1,0 %	1,0 %	1,0 %
„ 300°	13,0 „	12,0 „	11,5 „	13,5 „	13,5 „
„ 350°	33,5 „	32,0 „	31,5 „	33,5 „	34,0 „

Tafel VII. Leichtöle des Wietze-Steinförder Ölgebietes.

Revier: Zentral-Wietze.

Gewerkschaft:	C. W.	V. N. M.	**D. M. I. Teufelsinsel**	**D. M. I. Jeversener Landstraße**	D. T.	I. B.	B. H.
Datum der Untersuchung	1904	1909	**1916**	**1916**	1906	1903	1903
Chemisch-phys. Eigenschaften:							
Farbe	olivengrün	olivengrün	**olivengrün**	**olivengrün**	olivengrün	olivengrün	olivengrün
Spez. Gew. bei 20° C	0,883	0,887	**0,882**	**0,880**	0,888	0,880	0,884
Flammpunkt	36°	34°	**27°**	**26°**	47°	43°	35°
Viskosität bei 20° C	5,88	6,13	**5,63**	**5,02**	6,9	5,8	5,89
Kältetest	— 16°	± 0°	**— 3° 5 mm**	**— 3° 1 mm**	— 16°	— 14°	— 16°
Benzin 1 : 40	undurchsichtig	undurchsichtig	**undurchsichtig**	**undurchsichtig**	undurchsichtig	undurchsichtig	undurchsichtig
Asphalt	0,25 %	0,30 %	**0,28 %**	**0,26 %**	—	—	—
Fraktionierte Destillation:							
Siedebeginn	99°	112°	**118°**	**100°**	106°	97°	100°
Bis 150°	2,5 %	2,0 %	**2,0 %**	**2,5 %**	2,5 %	3,0 %	2,5 %
„ 250°	17,0 „	16,0 „	**17,5** „	**16,5** „	16,5 „	17,5 „	17,0 „
„ 275°	23,5 „	21,5 „	**23,5** „	**22,5** „	22,5 „	24,0 „	23,5 „
„ 300°	32,0 „	31,0 „	**31,5** „	**30,0** „	30,5 „	32,5 „	33,0 „
„ 325°	39,5 „	38,5 „	**38,5** „	**37,5** „	39,0 „	40,0 „	39,5 „
„ 350°	51,5 „	50,5 „	**51,0** „	**49,5** „	49,5 „	52,0 „	50,5 „
Asphalt im Rückstand	—	—	**0,91** „	**0,84** „	—	—	—

Tafel VIII. Leichteres Schweröl des Wietze-Steinförder Ölgebietes.
Revier: Zentral-Wietze.

Gewerkschaft und Lage:	Tramberg
Datum der Untersuchung	1908
Farbe	hellkaffeebraun
Spez. Gew. bei 20° C	0,925
Flammpunkt	57°
Viskosität bei 20° C	43,4
Kältetest	- 20° 8 mm
Benzin 1 : 40	braunrot, durchsichtig, setzt nach 3 Stunden flockigen Bodensatz ab
Asphalt	0,54 %
Fraktionierte Destillation:	
Siedebeginn	185°
Bis 150°	—
„ 250°	4,0%
„ 275°	10,0 „
„ 300°	18,5 „
„ 325°	26,0 „
„ 350°	44,5 „

B. Analyse von Hänigsen-Obershagener Ölen.

Tafel IX. Schweröl des Hänigsen-Obershagener Ölgebietes.
Revier: Hänigsen.

Gewerkschaft:	**Rh. H. E. W. Peine**	E. W. Hänigsen	Norddeutsche Bohrgesellschaft Otto Sassenberg	**D. M. I. Hänigsen**
Lage	**Parz. 23, Nähe Teerkuhle**	—	Nähe Teerkuhle	—
Bohrlochnummer	**83**	—	—	—
Datum der Untersuchung	**7. Dez. 1916**	1910	1894	**Dez. 1916**
Chem.-phys. Eigenschaften:				
Farbe	**hell-kaffeebraun**	hell-kaffeebraun	gelbbraun	**hell-kaffeebraun**
Spez. Gew. bei 20° C	**0,938**	0,936	0,930	**0,948**
Flammpunkt	**58°**	43°	56°	**61°**
Viskosität bei 20° C	**61,3°**	56,5	54,5	**101,09**
Kälte - 20° C	**13 mm**	3 mm	5 mm	**3 mm**
Benzin 1 : 40	**dunkelrot**	dunkelrot	fast undurchsichtig	**dunkelrot**
Asphalt	**0 %**	0 %	0,3 %	—
Fraktionierte Destillation:				
Siedebeginn	**160°**	155°	—	**224°**
Bis 150°	—	—	—	—
„ 250°	**9,0 %**	11,0 %	—	**2,0 %**
„ 275°	**13,5 „**	15,5 „	—	**7,5 „**
„ 300°	**19,3 „**	22,0 „	—	**12,5 „**
„ 325°	**25,0 „**	28,5 „	—	**19,0 „**
„ 350°	**40,5 „**	43,5 „	—	**31,0 „**
Rückstand, Asphalt	**0,22 „**	0,19 „	—	**0,17 „**

Tafel X. Mittelöl des Hänigsen-Obershagener Ölgebietes.

Revier: Obershagen.

Gewerkschaft:	Rh. II. E. W. Peine			Sirius, jetzt Präsident	Fiedler	Johanna	Sidonie	A. H. G.	K. v. N.	N. W.	Iltis	Irene
Betrieb Nr.	I	V	VII	—	—	—	—	—	—	—	—	—
Datum der Untersuchung . .	1909	1909	1910	1909	1909	1910	**1916**	1912	**1916**	1910	1912	1910
Chem.-phys. Eigenschaften:												
Farbe	bräunlich-grün	bräunlich-grün	bräunlich-grün	bräunlich-grün	bräunlich-grün	bräunlich-grün	**bräunlich-grün**	bräunlich-grün	**bräunlich-grün**	bräunlich-grün	bräunlich-grün	bräunlich-grün
Spez. Gew. bei 20⁰ C . .	0,923	0,921	0,917	0,917	0,926	0,923	**0,522**	0,916	**0,920**	0,922	0,921	0,922
Flammpunkt	36^0	28^0	32^0	23^0	45^0	38^0	**40^0**	24^0	**30^0**	34^0	34^0	39^0
Viskosität bei 20^0 C . . .	29,4	33,4	22,6	23,7	36,4	30,5	**29,46**	29,4	**30,6**	33,8	32,1	34,2
Kältetest — 20^0 C	15 mm	17 mm	30 mm	8 mm	10 mm	13 mm	**14 mm**	23 mm	**18 mm**	12 mm	15 mm	20 mm
Benzin 1 : 40	hellrot	hellrot	hellrot	hellrot	hellrot	hellrot	**hellrot**	hellrot	**hellrot**	hellrot	hellrot	hellrot
Asphalt	0 %	0 %	0 %	0 %	0 %	0 %	**0 %**	0 %	**0 %**	0 %	0 %	0 %
Fraktionierte Destillation:												
Siedebeginn	130^0	128^0	125^0	127^0	132^0	130^0	**132^0**	127^0	**125^0**	129^0	130^0	126^0
Bis 150^0	1,0 %	1,5 %	1,0 %	1,5 %	1,5 %	1,0 %	**1,0** %	1,0 %	**1,0** %	1,0 %	1,0 %	1,5 %
„ 250^0	12,5 „	13,0 „	13,5 „	12,5 „	11,5 „	12,0 „	**13,0** „	13,0 „	**13,0** „	12,5 „	12,0 „	12,5 „
„ 275^0	17,0 „	17,5 „	18,0 „	17,5 „	17,0 „	18,0 „	**17,5** „	17,5 „	**17,5** „	17,0 „	17,0 „	17,5 „
„ 300^0	22,5 „	25,0 „	22,0 „	22,5 „	23,0 „	23,0 „	**22,5** „	22,5 „	**23,0** „	23,5 „	23,0 „	22,0 „
„ 325^0	28,0 „	29,0 „	28,5 „	27,5 „	28,5 „	29,0 „	**28,5** „	29,5 „	**29,0** „	29,0 „	28,5 „	28,0 „
„ 350^0	40,5 „	41,5 „	40,5 „	41,0 „	43,0 „	43,5 „	**41,0** „	42,5 „	**41,5** „	41,5 „	42,0 „	41,5 „
Rückstand, Asphalt	0,18 „	0,17 „	0,15 „	0,18 „	0,14 „	0,14 „	**0,16** „	—	**0,16** „	—	0,15 „	—

Tafel XI. Leichtöl des Hänigsen-Obershagener Ölgebietes.
Revier: Dannhorst.

Gewerkschaft:	G. D.	**D. M. I.**	E. W. Fiedler
Datum der Untersuchung . . .	1909	**1916**	1910
Chem.-phys. Eigenschaften:			
Farbe	hellolivengrün	**hellolivengrün**	hellolivengrün
Spez. Gew. bei 20° C	0,900	**0,917**	0,903
Flammpunkt	24°	**28°**	26°
Viskosität bei 20° C	9,43	**23,26**	11,1
Kältetest - 20° C	5 mm	**1 mm**	3 mm
Benzin 1 : 40	hellgelb	**hellgelb**	hellgelb
Asphalt	0 %	**0 %**	0 %
Fraktionierte Destillation:			
Siedebeginn	101°	**161°**	104°
Bis 150°	2,5 %	—	2,0 %
„ 175°	3,5 „	**1,5 %**	3,5 „
„ 200°	6,5 „	**5,0 „**	6,0 „
„ 225°	10,5 „	**8,5 „**	9,5 „
„ 250°	16,0 „	**14,0 „**	15,0 „
„ 275°	21,5 „	**19,5 „**	20,5 „
„ 300°	30,5 „	**26,0 „**	28,5 „
„ 325°	38,5 „	**31,5 „**	37,5 „
„ 350°	49,5 „	**42,5 „**	49,0 „
Rückstand, Asphalt	0,11 „	**0,10 „**	0,09 „

Tafel XII. Rohöle des Hänigsen-Obershagener Ölgebietes,
welche Abweichungen der allgemeinen Eigenschaften besitzen.

Gewerkschaft:	Rh. H. E. W. Peine		Rheingold
Lage	Westliche Hänigser Grenze	**Otze**	Westliche Obershagener Grenze
Bohrlochnummer	66	**Betr. VIII**	1
Datum der Untersuchung . . .	September 1914	**Dezember 1916**	Juni 1911
Chem.-phys. Eigenschaften:			
Farbe	olivengrün	**bräunlichgrün**	bräunlichgrün
Spez. Gew. bei 20° C	0,901	**0,919**	0,913
Flammpunkt	82°	**65°**	42°
Viskosität bei 20° C	18,1	**25,3**	36,7
Kältetest	- 5°, fest	**- 20° 2 mm**	± 0° 6 mm
Benzin 1 : 40	hellrot	**hellrot**	hellrot
Asphalt	0 %	**0 %**	0 %
Fraktionierte Destillation:			
Siedebeginn	220°	**133°**	185°
Bis 250°	5,0 %	**11,5 %**	8,5 %
„ 275°	10,5 „	**15,0 „**	12,5 „
„ 300°	15,0 „	**19,5 „**	17,5 „
„ 350°	35,5 „	**38,5 „**	39,0 „

C. Analyse von Ölheimer Ölen.

Tafel XIII. Schweröle des Ölheimer Ölgebietes.

Gewerkschaft:	Dr. Nordmann, jetzt D. M. I.	
Lage	Linkes Schwarzwasserufer	
Datum der Untersuchung	21. Dez. 1895	**16. Dez. 1916**
Chemisch-phys. Eigenschaften:		
Farbe	olivengrün	**olivengrün**
Spez. Gew. bei 20^0 C	0,916	**0,916**
Flammpunkt	72^0	**71^0**
Viskosität bei 20^0 C	24,5	**26,6**
Kältetest -20^0 C	21 mm	**20 mm**
Benzin 1:40	hellrot	**hellrot**
Asphalt	0 %	**0 %**
Fraktionierte Destillation:		
Siedebeginn	205^0	**211^0**
Bis 250^0	6,0 %	**5,5 %**
„ 275^0	12,0 „	**11,0** „
„ 300^0	18,5 „	**17,5** „
„ 325^0	26,5 „	**25,0** „
„ 350^0	37,5 „	**35,5** „
Rückstand, Asphalt	0,0 „	**0,0** „

Tafel XIV. Mittelöle des Ölheimer Ölgebietes.

Gewerkschaft:	Internationale Bohrgesellschaft, jetzt D. M. I.		
Lage	Linkes Schwarzwasserufer		
Datum der Untersuchung	Mai 1907	Oktober 1907	**Dezember 1916**
Chem.-phys. Eigenschaften:			
Farbe	hellolivengrün	hellolivengrün	**hellolivengrün**
Spez. Gew. bei 20^0 C	0,895	0,906	**0,909**
Flammpunkt	45^0	68^0	**71^0**
Viskosität bei 20^0 C	11,7	17,2	**17,6**
Kältetest -20^0 C	12 mm	8 mm	**12 mm**
Benzin 1:40	hellrot	hellrot	**hellrot**
Asphalt	0 %	0 %	**0 %**
Fraktionierte Destillation:			
Siedebeginn	190^0	198^0	**200^0**
Bis 250^0	11,0 %	10,0 %	**9,0 %**
„ 275^0	17,5 „	18,5 „	**18,5** „
„ 300^0	25,5 „	23,0 „	**22,5** „
„ 325^0	36,5 „	34,5 „	**34,0** „
„ 350^0	46,0 „	44,5 „	**44,5** „
Rückstand, Asphalt	0,0 „	0,0 „	**0,0** „

Tafel XV. Mittelöle des Ölheimer Ölgebietes.

Gewerkschaft:	Vereinigte Deutsche Petroleumwerke				
Lage	Rechtes Schwarzwasserufer				
Datum der Untersuchung	1907	1907	1916	1913	**1916**
Chem.-phys. Eigenschaft.:					
Farbe	hell-olivengrün	hell-olivengrün	hell-olivengrün	hell-olivengrün	**hell-olivengrün**
Spez. Gew.	0,904	0,909	0,901	0,892	**0,893**
Flammpunkt	69°	73°	75°	51°	**52°**
Viskosität bei 20° C	15,4	16,1	14,8	10,2	**10,4**
Kältetest - 20° C	8 mm	6 mm	6 mm	7 mm	**10 mm**
Benzin 1 : 40	rötlichgelb	rötlichgelb	rötlichgelb	rötlichgelb	**rötlichgelb**
Asphalt	0 %	0 %	0 %	0 %	**0 %**
Fraktionierte Destillation:					
Siedebeginn	191°	192°	195°	188°	**182°**
Bis 250°	10,0 %	10,5 %	10,5 %	10,5 %	**11,0 %**
„ 275°	17,5 „	18,0 „	18,0 „	18,0 „	**17,5**
„ 300°	26,0 „	25,5 „	26,5 „	26,0 „	**25,5** „
„ 325°	32,5 „	31,0 „	33,0 „	32,0 „	**32,0** „
„ 350°	46,5 „	45,5 „	47,5 „	44,5 „	**43,5** „
Rückstand, Asphalt	0,0 „	0,0 „	0,0 „	0,0 „	**0,0** „

Tafel XVI. Leichtöl des Ölheimer Ölgebietes.

Gewerkschaft:	Zivil-Ing. Arnemann, jetzige D. M. I.	
Lage	Rechtes Schwarzwasserufer	
Datum der Untersuchung	März 1893	**Dezember 1916**
Chemisch-phys. Eigenschaften:		
Farbe	olivengrün	**olivengrün**
Spez. Gew. bei 20° C	0,850	**0,849**
Flammpunkt	unter + 10° C	**unter + 10° C**
Viskosität bei 20° C	1,97	**1,95**
Kältetest - 20° C	10 mm	**8 mm**
Benzin 1 : 40	hellrot	**hellrot**
Asphalt	0 %	**0 %**
Fraktionierte Destillation: Siedebeginn	72°	**76°**
Bis 100°	9,5 %	**10,5 %**
„ 125°	13,0 „	**14,0** „
„ 150°	17,5 „	**18,5** „
„ 175°	22,0 „	**22,5** „
„ 200°	28,5 „	**28,5** „
„ 225°	32,5 „	**33,0** „
„ 250°	38,0 „	**38,5** „
„ 275°	42,0 „	**43,0** „
„ 300°	49,0 „	**49,5** „
„ 325°	52,5 „	**54,0** „
„ 350°	62,0 „	**63,0** „

Bemerkung. Im Großbetriebe wurden erhalten:

12,8 % Benzin . . 0,700 bei 20° C; 31,4 % Petroleum . . 0,805 bei 20° C.

Das Residuum enthielt Asphalt	0,3 %	**0,31 %**

D. Analyse von Hopener Ölen.

Das wissenschaftlich interessante, praktisch aber ohne Bedeutung gebliebene Erdölvorkommen beim Kaliwerk Adolfsglück in Hope — es wurden etwa 150000 kg leichtes Erdöl fast eruptionsartig dem Erdinneren unter gleichzeitigem Versiegen der Quelle entrissen — möchte ich an dieser Stelle nicht unerwähnt lassen.

Am 11. September 1913 sandte mir das Kaliwerk Adolfsglück in Hope eine Probe des erbohrten Erdöles zu, welches folgende Eigenschaften hatte:

Farbe	Grünlichbraun Beim Ablaufen vom Glase bleiben Paraffinkörnchen zurück
Spezifisches Gewicht	0,832 bei 20° C
Flammpunkt	unter + 10° C
Viskosität	6,5 bei 20° C
Kälte	— 12°, salbenartig
Benzin 1:40	Hellrot klar, setzt nach 24stünd. Stehen keinen Bodensatz ab
Asphalt	0 %
Fraktionierte Destillation:	
Anfang	85° C
Bis 150°	13 %
„ 175°	19 „
„ 200°	25 „
„ 225°	29 „
„ 250°	35 „
„ 275°	40 „
„ 300°	47 „
„ 325°	51 „
„ 350°	57,5 „

Die von 40 Proz. leichten Ölen befreiten Residuen hatten folgende Eigenschaften:

Spezifisches Gewicht	0,905 bei 20° C
Flammpunkt	162° C
Viskosität	5,4 bei 50° C
Kälte	bei + 5° fest
Asphalt	0,2 %

Vom chemisch-geologischen Standpunkte aus betrachtet, interessiert die Asphaltfreiheit dieses Rohöles um so mehr, als gerade die nordwestlichen Ausläufer der Allerlinie Asphaltbasis besitzen.

Die vollständige Identität des Hopener Öles bzw. dessen Residuum mit den entsprechenden Residuen des Ölheimer und Dollbergener Leichtöles wird später bewiesen werden.

II. Systematische Einteilung der Rohöle Nordwestdeutschlands auf chemisch-physikalisch-geologischer Grundlage.

A. Wietze-Steinförder Ölgebiet.

Die Rohöle des Wietze-Steinförder Ölgebietes zeichnen sich durch einen relativ hohen Asphaltgehalt aus, der den Hänigsen-Obershagener Rohölen nur in ihren Residuen mit einem Flammpunkte von über 200° in ganz geringem Maße noch eigen ist, in den Ölheimer Mittel- und Schwerölen jedoch gänzlich fehlt.

Der Asphaltgehalt sinkt und steigt mit der Viskosität der Öle.

Eine Eigentümlichkeit besitzen die Leichtöle aller drei Ölgebiete, indem sie stark paraffinhaltig sind, ihre Residuen daher einen Stockpunkt von weit über 0° besitzen, im Gegensatz zu den kältebeständigen Residuen der Schweröle.

Die Gleichmäßigkeit der Steinförder- und Zentral-Wietzer Öle läßt auf eine gemeinsame Lagerstätte schließen, trotzdem erstere nach Kraiß [1]) in der jüngeren Senonformation erscheinen. Die Querbrüche der mesozäischen Schichten haben jedenfalls das senone Deckgebirge durchdrungen und dem Öl freien Eintritt gegeben.

Je mehr sich die Öllager von Zentral-Wietze der Aller nähern, um so dickflüssiger, aber auch nichtkältebeständiger werden die Öle. Die Öllinie macht einige hundert Meter jenseits der Wietzemündung Halt, um dann dem Allerflusse rückwärts in nordöstlicher Linie zu folgen. Die Viskosität der Öle steigt weiter und ihre Kältebeständigkeit nimmt einen weiteren Rückgang. Nachdem die Höhe der mit der Allerlinie parallel laufenden nördlichen Wealdenlinie erreicht ist, bedeutet dies gleichzeitig den Schluß der nordwestlich gerichteten Querwerfung der Allerlinie und die größte Verdickung der Wietzer Öle.

Die Öle der nordöstlich-südwestlich gerichteten Querverwerfung an der Teufelsinsel zeigen nicht allein in Hornbostel, sondern auch in der entgegengesetzten Richtung in Wikenberg eine fast fünffache Viskositätserhöhung. Es sind dies die nordöstlichen und südlichen Wealdenöle. Außerdem zeichnet sich die Verbindungslinie Teufelsinsel-Südliches

Wealdenlager durch eine erhöhte Viskosität der im Bereich der M. und H. W. E. W. produzierten Öle gegenüber den Allerlinien-Ölen aus.

So gering auch die Unterschiede in der Kältebeständigkeit der Wietzer Schweröle sein mögen — das nichtkältebeständige Öl ist noch bei —15° flüssig —, so groß sind die Abweichungen, die die kälte- und nichtkältebeständigen Öle bei der fabrikatorischen Verarbeitung aufweisen. Nichtkältebeständige Öle können z. B. keine Verwendung finden zur Herstellung von Winterölen für die Eisenbahnverwaltungen, die ein Flüssigsein von — 20° C in ihren Lieferungsbedingungen vorschreiben. — Auch die nördlichen Wealdenöle lassen sich in kältebeständige und nichtkältebeständige Öle einteilen, je nachdem sie aus den östlichen kältebeständigen oder den westlichen nichtkältebeständigen Rohölen der Allerlinie durch Austreten aus deren Lagern in die diluvialen Sande entstanden sind. Außer dem Leichtöl des Rät, dessen Produktion im Vergleich zum Schweröl gering, und dessen Hauptsitz die berühmte Teufelsinsel mit der Verlängerung in südwestlicher Richtung ist, wäre der Vollständigkeit halber eines winzigen, aber interessanten Ölvorkommens zu gedenken, dessen Lagerstätte sich südlich der nördlichen Wealdenöllinie befindet. Es ist dies ein leichteres Schweröl, welches vielleicht durch Vermischen der Öle der Unter- und Oberscholle entstanden sein kann.

Nach diesen erläuternden Darstellungen läßt sich das Wietzer-Steinförder Rohöl in folgende sieben systematische Gruppen einteilen:

Systematische Einteilung der Wietze-Steinförder Öle.

Gruppe I. Kältebeständiges Rohöl der Reviere Steinförde und Zentral-Wietze in der Allerlinie.

„ II. Nichtkältebeständiges Rohöl, Revier linkes Allergebiet bis zur Schafbrücke.

„ III. Nichtkältebeständiges Rohöl, Revier Bannetze, rechtes Allergebiet.

„ IV. Wealdenöle der Reviere Hornbostel und Wiekenberg.

„ V. Kältebeständiges, schwereres Rohöl, Revier M. und H. W. E. W. auf der linken Landstraßenseite Celle-Schwarmstedt.

„ VI. Leichteres Schweröl, Revier Schafbrücke.

„ VII. Leichtöl der Reviere Zentral-Wietze und Jeversener Landstraße.

Der Übersicht halber lasse ich eine Tabelle der wichtigsten Eigenschaften der in sieben Gruppen systematisch eingeteilten Öle des Erdölgebietes Wietze-Steinförde folgen.

Tafel XVII. Tabelle der wichtigsten Eigenschaften der in sieben systematische Gruppen gegliederten Öle des Erdölgebietes Wietze-Steinförde.

Gruppe:	I.		II.		III.	IV.		V.	VI.	VII.		
Gewerkschaft:	E.B.G.W.	**E.B.G.W.**	V. N. M.	**D. M. I.**	**V. N. M.**	Glückauf	C. W.	M.	Tramberg	C. W.	**D. M. I.**	**D. M. I.**
Lage	Stein-förde	**Stein-förde**	—	—	**südlich Bannetze**	Horn-bostel	Horn-bostel	—	—	Teufels-insel	**Teufels-insel**	**Jeverser Land-straße**
Datum d. Untersuchung	1909	**1916**	1913	**1916**	**1916**	1912	1906	1894	1908	1904	**1916**	**1916**
Chem.-phys. Eigensch.:												
Farbe	dunkel-kaffee-braun	**dunkel-kaffee-braun**	braun-schwarz	**braun-schwarz**	**braun-schwarz**	braun-schwarz	braun-schwarz	dunkel-kaffee-braun	hell-kaffee-braun	oliven-grün	**oliven-grün**	**oliven-grün**
Spez. Gew. bei 20^0 C	0,933	**0,943**	0,937	**0,943**	**0,946**	0,957	0,949$^1/_2$	0,951	0,925	0,883	**0,882**	**0,880**
Flammpunkt	70^0	**102^0**	76^0	**115^0**	**121^0**	99^0	128^0	82^0	57^0	36^0	**27^0**	**26^0**
Viskosität bei 20^0 C	64,5	**109,5**	57,6	**137,4**	**183,6**	271,7	265,3	91,3	43,4	5,88	**5,63**	**5,02^0**
Kältetest	-20^{0}7mm	**-15^{0}3 mm**	-16^{0}1mm	**-15^{0}1mm**	—	-15^{0}1mm	-20^{0}1mm	-20^{0}5mm	-20^{0}8mm	-16^0	**-3^{0}5mm**	**-3^{0}1 mm**
Benzin 1 : 40	undurch-sichtig	**undurch-sichtig**	undurch-sichtig	**undurch-sichtig**	**undurch-sichtig**	undurch-sichtig	undurch-sichtig	undurch-sichtig	braunrot, setzt Flocken ab	undurch-sichtig	**undurch-sichtig**	**undurch-sichtig**
Asphalt	0,64 %	**1,17 %**	0,96 %	**1,34 %**	**1,42 %**	1,91 %	1,42 %	0,91 %	0,54 %	0,25 %	**0,45 %**	**0,26 %**
Fraktion. Destillation:												
Siedebeginn	227^0	**232^0**	250^0	**243^0**	**245^0**	263^0	261^0	230^0	185^0	99^0	**118^0**	**100^0**
Bis 150^0	—	—	—	—	—	—	—	—	—	2,5 %	**2,0 %**	**2,5 %**
„ 250^0	2,0 %	**2,0 %**	—	**0,5 %**	—	—	—	1,0 %	4,0 %	17,0 „	**17,5 „**	**16,5 „**
„ 275^0	8,0 „	**5,5 „**	—	**4,5 „**	**1,5 %**	—	—	—	10,0 „	23,5 „	**23,5 „**	**22,5 „**
„ 300^0	14,5 „	**12,0 „**	13,0 %	**9,5 „**	**6,0 „**	6,5 %	6,0 %	13,0 %	18,5 „	32,0 „	**31,5 „**	**30,0 „**
„ 325^0	19,5 „	**19,5 „**	—	**15,0 „**	**12,5 „**	—	—	—	26,0 „	39,5 „	**38,5 „**	**37,5 „**
„ 350^0	37,0 „	**34,0 „**	29,5 %	**28,5 „**	**26,0 „**	26,5 %	25,5 %	33,5 %	44,5 „	51,5 „	**51,0 „**	**49,5 „**

B. Hänigsen-Obershagen-Dannhorster Ölgebiet.

J. Stoller[2]) teilt das etwa 4 km lange, aber verhältnismäßig schmale Ölgebiet in drei Zonen, und zwar beginnt die südliche Zone in der Nähe des Fleckens Hänigsen am sogenannten Teerkuhlenberg, erstreckt sich als schmaler Streifen durch die sogenannten Dreckwiesen, in nordöstlicher Richtung ungefähr bis zu der vielgewundenen, im allgemeinen ostwestlich verlaufenden, einem Bache folgenden Gemarkungsgrenze Hänigsen-Obershagen. Die mittlere Gruppe setzt hier ein, ist zur südlichen quergerichtet, zieht sich in westnordwestlicher Richtung in die Obershagener Wiesen hinein und bildet gleichsam einen Knoten in der Verbindung der südlichen und nördlichen Zone. Die letztere verläuft ganz im Gebiete des Kgl. Forstes in nordwestlicher Richtung bis zu den Jagen 207 und 208 des Forstortes Brand.

Das chemisch-physikalische Verhalten der Öle der drei Ölzonen paßt ganz genau zu den vom geologischen Standpunkte aus festgestellten Begrenzungslinien. Aus praktischen Gründen, besonders auch, weil einige Gesellschaften, wie z. B. die Erdölwerke Dannhorst, Erdölwerke Hänigsen usw., Ortsnamen angenommen haben, bezeichne ich die südliche Zone als Hänigser Revier, die mittlere Zone als Obershagener Revier, und die nördliche Zone als Dannhorster Revier. Die Öle dieser drei Zonen sind unter sich bis auf die westlichen Aufschlußgebiete der Obershagen-Hänigser Gemarkung von ziemlich einheitlicher Natur und charakterisieren sich folgendermaßen:

Die Dannhorster Öle fallen durch ihre Dünnflüssigkeit wie durch das damit verbundene geringste spezifische Gewicht auf und besitzen, weil sie das leichtere Öl darstellen, einen hohen Paraffingehalt.

Die Obershagener Öle, die dem mittleren Teile des Ölgebietes angehören, dem sogenannten Knoten, sind paraffinfrei, und nehmen eine Mittelstellung ein zwischen den nördlichen Dannhorster und den südlichen Hänigser Ölen.

Das Hänigser Öl der südlichen Zone zeigt bei höherem spezifischen Gewicht und Viskosität noch größere Kältebeständigkeit als das benachbarte Obershagener Öl.

Eine Ausnahme von diesen Regeln zeigen die Öle der westlichen Bohrungen. Es handelt sich um die Aufschlüsse der Gewerkschaft Rheingold im westlichen Streichen von Präsident, Rh. H. E. W. und

Eva, ferner um eine von der Rh. H. E. W. an der Westgrenze Hänigsen, Parz. 45, Btr. VIII niedergebrachten Bohrung Nr. 66.

Der Übersicht halber führe ich die Analyse beider Öle nebeneinanderstehend auf:

	Rh. H. E. W. Bohrung 66	Rheingold
Spezifisches Gewicht	0,901 b. 20	0,913 b. 20
Flammpunkt	82^0	42^0
Viskosität	b. 20^0 18,1	36,7
Kälte	$\pm 0^0$	$\pm 0^0$

Bei den Dannhorster Ölen, wie auch bei den nichtkältebeständigen Wietzer Rohölen, kommt der stark paraffinhaltige Charakter erst bei der fabrikmäßigen Verarbeitung zur Geltung. So sind z. B. diese Öle zur Herstellung kältebeständiger Winteröle für die Eisenbahnverwaltung vollständig ausgeschlossen.

Da die drei Gruppenöle des Hänigsen-Obershagener Ölgebietes asphaltfrei sind, so lösen sie sich in Benzin 1:40 mit klarer Farbe ohne jeden Rückstand auf, und zwar:

Dannhorster Öle mit hellgelber Farbe,
Obershagener Öle mit hellroter Farbe,
Hänigser Öle mit dunkelroter Farbe.

Hierbei möchte ich nicht unerwähnt lassen, daß das Otto Sassenbergsche Rohöl der Norddeutschen Bohrgesellschaft Hänigsen, welches anfangs der 1890er Jahre auf den Mineralölwerken F. Saigge & Cie. in Peine verarbeitet wurde, noch in guter Erinnerung steht wegen seines kolossalen Schwefelwasserstoffgehaltes, der sich bei der Destillation unliebsam bemerkbar machte, und mehrfach zu Unfällen Veranlassung gab. Auf Grund der gelbbraunen Farbe und seines ganzen Verhaltens charakterisierten unsere Destillateure dieses Öl gleich einem Gemisch von Wietzer mit Ölheimer Rohöl. Tatsächlich zeigte die Analyse die Durchschnittszahl von Wietzer und Ölheimer Schweröl, wie aus nachfolgenden Zahlen ersichtlich ist:

Farbe	Grünlichbraun	
Flammpunkt	56	
Spezifisches Gewicht . .	0,930	
Viskosität	54,5 b. 20^0	
Kälte	— 20^0 5 mm	
Benzin	1:40 dunkelbraun,	setzt nach 24 stünd. Stehen
Asphalt	0,3 Proz.	merklichen Bodensatz ab

Der Sassenbergsche Bohrbetrieb befand sich in unmittelbarer Nähe des Teerkuhlenberges, und war damals die einzige Produktionsstätte im dortigen Erdölgebiete.

Systematische Einteilung der Hänigsen-Obershagen-Dannhorster Öle.

Gruppe I. Leichtöl, Revier Dannhorst.
„ II. Mittelöl, Revier Obershagen.
„ III. Schweröl, Revier Hänigsen.

Tafel XVIII.

Tabelle der wichtigsten Eigenschaften der in drei systematische Gruppen gegliederten Hänigsen-Obershagen-Dannhorster Öle.

Gruppe:	I		II		III	
Gewerkschaft:	E. W. Hänigsen, jetzt D. M. I.		Rh. H. E. W.	Sidonie	G. D., jetzt D. M. I.	
Datum der Untersuchung	1910	**1916**	1909	**1916**	1909	**1916**
Chem.-phys. Eigenschaften:						
Farbe	hell-kaffeebraun	**hell-kaffeebraun**	bräunlich-grün	**bräunlich-grün**	hell-olivengrün	**hell-olivengrün**
Spez. Gew. bei 20° C	0,936	**0,948**	0,923	**0,922**	0,900	**0,917**
Flammpunkt	43°	**61°**	36°	**40°**	24°	**28°**
Viskosität bei 20° C.	56,5	**101,09**	29,4	**29,4**	9,43	**23,26**
Kältetest — 20° C	3 mm	**3 mm**	15 mm	**14 mm**	5 mm	**1 mm**
Benzin 1:40	dunkelrot	**dunkelrot**	hellrot	**hellrot**	hellgelb	**hellgelb**
Asphalt	0 %	**0 %**	0 %	**0 %**	0 %	**0 %**
Fraktionierte Destillation:						
Siedebeginn	155°	**224°**	130°	**132°**	101°	**161°**
Bis 150°	—	—	1,0 %	**1,0 %**	2,5 %	—
„ 250°	11,0 %	**2,0 %**	12,5 „	**13,0 „**	16,0 „	**14,0 %**
„ 275°	15,5 „	**7,5 „**	17,0 „	**17,5 „**	21,5 „	**19,5 „**
„ 300°	22,0 „	**12,5 „**	22,5 „	**22,5 „**	30,5 „	**26,0 „**
„ 325°	28,5 „	**19,0 „**	28,0 „	**28,5 „**	38,5 „	**31,5 „**
„ 350°	43,5 „	**31,0 „**	40,5 „	**41,0 „**	49,5 „	**42,5 „**
Rückstand Asphalt	0,19 „	**0,17 „**	0,18 „	**0,16 „**	0,11 „	**0,10 „**

C. Ölheimer Ölgebiet.

Das Gebiet der ölführenden Bohrungen in Ölheim ist eine verhältnismäßig kleine Fläche in der Gestalt einer Ellipse von etwa 400 bis 700 m Durchmesser, welche vom Schwarzwasser in nordnordwestlicher Richtung durchflossen wird. Der Bach scheidet das Terrain in ein östliches Leicht- und Mittelöllager und in ein westliches Mittel- und Schweröllager.

Die Öle sind von oliven- bis hellolivengrüner Farbe und asphaltfrei.

Besonderes Interesse bietet das vom Zivil-Ingen. Arnemann 1888 in einem einzigen bis heute produktiven Bohrloche erschlossene Leichtöl, das sich im Laufe der Jahrzehnte in seinen Eigenschaften um nichts geändert hat. Es ist bis zum heutigen Tage nur in dieser einzigen Bohrung aufgefunden worden, zeigt ein spezifisches Gewicht von 0,849 bei 20° C, ist stark benzinhaltig und hinterläßt ein von Benzin, Petroleum und Gasöl befreites Residuum, welches 0,3 Proz. Asphalt enthält und stark paraffinhaltig ist.

Das Ölheimer Schweröl zeichnet sich durch große Kältebeständigkeit aus, die derjenigen der Wietze, Hänigsen und Obershagener Öle vollkommen entspricht.

Während das Leichtöl einen ausgesprochen pennsylvanischen Typus besitzt, hat das Schweröl große Ähnlichkeit mit westgalizischen Ölen, wie z. B. Harklova-Öl.

Die Mittelöle nähern sich mehr dem Schweröl, besitzen jedoch geringere Kältebeständigkeit als letztere.

Die Ölheimer Öle lassen sich in folgende 4 Gruppen zergliedern.

Systematische Einteilung der Ölheimer Rohöle.

Gruppe I. Leichtöl, rechte Schwarzbachseite.
„ II. Leichtes Mittelöl, rechte Schwarzbachseite.
„ III. Schweres Mittelöl, linke Schwarzbachseite.
„ IV. Schweröl, linke Schwarzbachseite.

Tafel XIX. Tabelle der wichtigsten Eigenschaften der in vier systematische Gruppen gegliederten Ölheimer Öle.

Gruppe:	I		II		III		IV	
Gewerkschaft:	Arnemann, jetzt D. M. I.		V. D. P. W.		D. M. I.		Dr. N., jetzt D. M. I.	
Datum der Untersuchung	**1916**	1893	1913	**1916**	1907	**1916**	1895	**1916**
Chem.-phys. Eigenschaft.:								
Farbe	**olivengrün**	olivengrün	hellolivengrün	**hellolivengrün**	hellolivengrün	**hellolivengrün**	olivengrün	**olivengrün**
Spez. Gew. bei 20° C	**0,849**	0,850	0,892	**0,893**	0,906	**0,909**	0,916	**0,916**
Flammpunkt	**unter + 10°**	unter + 10°	51°	**52°**	68°	**71°**	72°	**71°**
Viskosität bei 20° C	**1,95**	1,97	10,2	**10,4**	17,2	**17,6**	24,5	**26,6**
Kälte — 20° C	**8 mm**	10 mm	7 mm	**10 mm**	8 mm	**12 mm**	21 mm	**20 mm**
Benzin 1 : 40	**hellrot**	hellrot	rötlichgelb	**rötlichgelb**	hellrot	**hellrot**	hellrot	**hellrot**
Asphalt	**0 %**	0 %	0 %	**0 %**	0 %	**0 %**	0 %	**0 %**
Fraktionierte Destillation:								
Siedebeginn	**76°**	72°	188°	**182°**	198°	**200°**	205°	**211°**
Bis 100°	**10,5 %**	9,5 %	—	—	—	—	—	—
„ 125°	**14,0 „**	13,0 „	—	—	—	—	—	—
„ 150°	**18,5 „**	17,5 „	—	—	—	—	—	—
„ 175°	**22,5 „**	22,0 „	—	—	—	—	—	—
„ 200°	**28,5 „**	28,5 „	—	—	—	—	—	—
„ 225°	**33,0 „**	32,5 „	—	—	—	—	—	—
„ 250°	**38,5 „**	38,0 „	10,5 %	**11,0 %**	10,0 %	**9,0 %**	6,0 %	**5,5 %**
„ 275°	**43,0 „**	42,0 „	18,0 „	**17,5 „**	18,5 „	**18,5 „**	12,0 „	**11,0 „**
„ 300°	**49,5 „**	49,0 „	26,0 „	**25,5 „**	23,0 „	**22,5 „**	18,5 „	**17,5 „**
„ 325°	**54,0 „**	52,5 „	32,0 „	**32,0 „**	34,5 „	**34,0 „**	26,5 „	**25,0 „**
„ 350°	**63,0 „**	62,0 „	44,5 „	**43,5 „**	44,5 „	**44,5 „**	37,5 „	**35,5 „**
Rückstand Asphalt	**0,31 „**	0,30 „	0 „	**0 „**	0 „	**0 „**	0 „	**0 „**

III. Die chemisch-physikalischen Veränderungen nach jahrelang fortgesetzten Beobachtungen.

A. An der Produktionsstätte.

In meinem sorgfältig geführten Tagebuche findet sich unterm 26. Januar 1912 die folgende Notiz:

„Der Asphaltgehalt der Wietzer Rohöle hat durchweg ganz bedeutend zugenommen, wie dies aus nachstehender Tabelle ersichtlich ist:

Gewerksch.	Peine-Steinförde	Asphalt	0,65	Proz.	am	12. Jan. 1909
„	Kronprinzessin	„	0,52	„	„	16. Jan. 1909
„	V. N. M. nichtkältebeständig	„	0,81	„	„	21. Mai 1909
„	Scharrel	„	1,04	„	„	18. Juli 1910
„	Unterelbe	„	1,468	„	„	26. Jan. 1912
„	E. B. G. W. Steinförde	„	1,02	„	„	26. Jan. 1912

Sowohl frisch gepumptes als auch abgelagertes Wietzer Rohöl hat heute über 1 Proz. Asphalt“.

Ich habe nun zur Beantwortung der Frage der Veränderlichkeit der Rohöle am Produktionsorte neuerdings fast sämtliche Öle der einzelnen Gruppen der Ölgebiete in den Kreis meiner Untersuchungen gezogen und dabei das Folgende festgestellt:

Die asphaltfreien Ölheimer Öle haben sich im Laufe der Jahre nicht verändert, weder in chemischer noch in physikalischer Hinsicht. Nur bei einem einzigen Bohrloche, den Vereinigten Deutschen Petroleumwerken gehörig, und am rechten Schwarzwasserufer gelegen, wurde eine größere Analysenabweichung im Laufe von 15 Jahren festgestellt. Dieses Bohrloch produzierte damals leichteres Mittelöl vom spez. Gew. 0,890 bei 20°, während heute das spez. Gew. 0,910 beträgt mit den gesamten Eigenschaften, die es als dieses schwerere Mittelöl charakterisieren.

Es muß aber erwähnt werden, daß nach Angabe des Herrn Direktor Bösche dieses Loch nur noch alle 8 Tage während weniger

Stunden gepumpt wird, und daß dabei das Öl fast salbenartig austritt, was früher nicht der Fall war.

Da alle übrigen Ölheimer Öle unverändert geblieben sind, ist anzunehmen, daß dieses Öl aus dem Schweröllager der gegenüberliegenden Flußseite durch Spalten hervorgequollen ist.

Bezüglich der Veränderlichkeit stehen die Hänigser und Dannhorster Öle in der Mitte zwischen denjenigen von Ölheim und Wietze. Sie sind durchweg dickflüssiger geworden, und zwar nähern sich die Dannhorster Leichtöle in ihrem ganzen Verhalten den Obershagener Ölen, und diese, aus alten Löchern kommend, den Hänigser Ölen. Jedoch blieben die Hänigsen-Obershagen-Dannhorster Öle bis heute asphaltfrei.

Eine große Veränderung namentlich hinsichtlich einer größeren Asphaltanreicherung verbunden mit höherer Viskosität erfuhren die Wietze-Steinförder Öle, mit Ausnahme der Wealdenöle (verdickte Sandöle), die konstant blieben.

Das Wietzer Leichtöl, sowohl der Teufelsinsel wie auch der Jeversener Landstraße, hat sich im Laufe der Jahre, ebenso wie das Ölheimer Leichtöl, nicht verändert.

B. Beim Lagern in geschlossenen Gefäßen.

Am gleichen Datum, wie unter A, habe ich in meinem Tagebuche bezüglich der Veränderlichkeit der Wietzer Öle in geschlossenen Gefäßen das Folgende vermerkt:

Gewerkschaft Peine Steinförde	Asphalt	0,64	Proz.	am 12. Jan.	1909
Dasselbe Öl, verschlossen gelagert . .	„	0,88	„	„ 22. Sept.	1909
Dasselbe Öl, verschlossen gelagert . .	„	1,08	„	„ 26. Jan.	1912

„Das vorstehend aufgeführte Öl ist von mir zusammen mit einer Anzahl von Ölproben verschiedener anderer Produktionsgebiete in gut verschlossenen Gefäßen zurückgestellt, um nach einem längeren Zeitraum wiederum auf eventuelle Änderungen ihrer Eigenschaften untersucht zu werden."

Nachdem seit dieser Aufzeichnung nunmehr einige Jahre verflossen sind, habe ich die diversen Ölproben nochmals einer eingehenden Prüfung unterzogen, worüber die nachstehende Tabelle Aufschluß gibt.

I. Ölheimer Rohöl der Vereinigten Deutschen Petroleumwerke A.-G. Ölheim.

Untersucht am:	8. April 1913	1. Dez. 1916
Spez. Gew. bei 20° C	0,892	0,893
Flammpunkt	51°	55°
Viskosität	10,2	10,1
Kältetest	- 20° 11 mm	- 20° 8 mm
Benzin 1 : 40	hellrot	hellrot
Asphalt	0 Proz.	0 Proz.
Siedebeginn	188°	190°
Bis 225°	5,0 Proz.	5,0 Proz.
„ 250°	10,5 „	11,0 „
„ 275°	18,0 „	18,0 „
„ 300°	26,0 „	26,5 „
„ 325°	32,0 „	32,5 „
„ 350°	44,5 „	44,0 „

II. Obershagener Öle. Rheinisch-Hannoversche Erdölwerke.
Kesselwagen 502756 vom 25. Januar 1912.
Probe gut verkorkt zurückgestellt.

Untersucht am:	25. Jan. 1912	6. Dez. 1916
Spez. Gew. bei 20° C	0,918	0,930
Flammpunkt	33°	36°
Viskosität von 20° C	25,6	58,4
Kältetest	- 20° 30 mm	- 20° 17 mm
Benzin 1 : 40	hellrot	dunkelrot
Asphalt	0 Proz.	0,015 Proz.
Fraktionierte Destillation:		
Anfang	130°	138°
Bis 250°	13,0 Proz.	11,0 Proz.
„ 275°	17,0 „	15,5 „
„ 300°	21,5 „	19,5 „
„ 325°	27,5 „	25,5 „
„ 350°	40,5 „	37,0 „

Eine zweite Probe derselben Gewerkschaft ergab:

Untersucht am:	28. Jan. 1914	8. Dez. 1916
Spez. Gew. bei 20° C	0,921	0,930
Flammpunkt	38°	46°
Viskosität bei 20° C	29,4	61,8
Kältetest	- 20° 18 mm	- 20° 12 mm
Benzin 1 : 40	hellrot	dunkelrot, heller wie oben
Asphalt	0 Proz.	0 Proz.
Fraktionierte Destillation:		
Anfang	135°	160°
Bis 250°	12,5 Proz.	10,0 Proz.
„ 275°	16,5 „	15,0 „
„ 300°	20,5 „	20,5 „
„ 325°	26,5 „	26,0 „
„ 350°	40,0 „	39,0 „

Die am 8. Dezember 1916 untersuchte Probe zeigt vollständig übereinstimmende Zahlen mit Hänigser Rohöl der Rh. H. E. W., Bohrloch 83, nahe dem Teerkuhlenberge.

III. Wietzer Öle. Allerlinienöl der Erdöl-Bohrgesellschaft Wietze m. b. H., Peine. Werk Wietze. Kesselwagen 502775 vom 5. Mai 1912.

Probe gut verschlossen zurückgestellt.

Untersucht am:	12. Juni 1912	18. Dez. 1916
Spez. Gew. bei 20° C	0,936	0,941
Flammpunkt	79°	81,3°
Viskosität bei 20° C	58,9	81,3°
Kältetest	- 20° 7 mm	- 20° 1 mm
Benzin 1 : 40	undurchsichtig	undurchsichtig
Asphalt	1,04 Proz.	1,84 Proz.

Untersucht am:	12. Juni 1912	18. Dez. 1916
Fraktionierte Destillation:		
Siedebeginn	225°	237°
Bis 250°	2,5 Proz.	1,0 Proz.
„ 275°	7,5 „	5,0 „
„ 300°	14,0 „	12,5 „
„ 325°	20,5 „	16,5 „
„ 350°	37,0 „	33,5 „

Während also die Ölheimer Öle an der Produktionsstätte sowohl, wie auch beim Lagern in geschlossenen Gefäßen vollständig unverändert geblieben sind, neigen die Obershagener Öle beim Lagern in geschlossenen Gefäßen, wenn auch ganz minimal, zur Asphaltbildung, wogegen die Wietzer Öle, in gut verkorkten Flaschen aufgehoben, jedenfalls auf Grund ihres hohen Asphaltgehaltes, eine durchgreifende Veränderung in allen Eigenschaften erfahren haben, besonders aber hinsichtlich des Asphaltgehaltes.

Sämtliche Flaschen waren zwar gut verkorkt, vor direktem Tageslichte geschützt, jedoch nicht versiegelt, so daß die Möglichkeit nicht von der Hand zu weisen ist, daß der Grund der Verdickung und der Asphaltzunahme in dem durch die Porosität des Korkmaterials bedingten Eindringen des Luftsauerstoffes zu suchen ist. Jedenfalls geht aus den unter den gleichen Verhältnissen angestellten Versuchen zur Evidenz hervor, daß die asphaltreichsten Öle die größte Polymerisation und Verharzungsfähigkeit zeigen.

IV. Die Migration und Filtration des Wietzer Erdöles und der darauf zurückzuführende Umwandlungsprozeß der Erdöle in den Gebieten von Hänigsen-Obershagen und Ölheim.

Im Verlaufe meiner langjährigen Praxis bei der Verarbeitung der diversen nordwestdeutschen Erdöle gelangte ich immer mehr zur Erkenntnis des inneren Zusammenhanges der einzelnen Ölvorkommen in Wietze, Hänigsen, Obershagen und Ölheim. Im nachstehenden glaube ich den Beweis zu erbringen, daß das Wietzer Rohöl der Allerlinie als das Mutteröl der anderen Ölgebiete anzusprechen ist.

Zur Charakteristik der aus den verschiedenen Erdölen bei der mit überhitztem Wasserdampf von 300° unterstützten Destillation resultierenden Residuen, gebe ich in den nachfolgenden tabellarischen Übersichten ein Bild der Beziehungen dieser Residuen zueinander hinsichtlich ihrer spezifischen Gewichte, Flammpunkte und Viskositäten bei den verschiedenen Destillationsphasen.

Berücksichtigt man die große Verschiedenartigkeit der Wietzer und Obershagener Rohöle in ihrem chemisch-physikalischen Verhalten, so fällt die große Annäherung dieser beiden Ölgattungen in ihren Residuen auf.

Der einzige grundlegende Unterschied liegt im Asphaltgehalte. Während das Obershagener Öl vollständig asphaltfrei ist, zeigen seine Residuen bei einem 200° übersteigenden Flammpunkte die ersten Anzeichen eines Asphaltgehaltes, der sich immer weiter erhöht bis zum Gehalte von 0,18 Proz. bei einem Flammpunkte von 282°.

Es könnte der Einwand gemacht werden, daß durch destruktive Zersetzungen während der Destillation dieser vorher im Öl nicht vorhanden gewesene Asphaltgehalt sich erst nachträglich gebildet habe. Dem ist aber entgegenzuhalten, daß zur Vermeidung jeglicher

Zersetzungen das Öl bei möglichst niedriger Temperatur unter Verwendung eines großen Überschusses an überhitztem Wasserdampf (fünf- bis zehnfache Menge des Destillatvolumens) destilliert wurde. Der Asphaltgehalt kam jedoch stets zum Vorschein, sobald das Residuum den Flammpunkt von über 200° erreicht hatte, was bei der gleichen Behandlung des schweren und mittleren Ölheimer Rohöles nie der Fall gewesen war.

Durch die Migration und Filtration des Wietzer Rohöles ist die natürliche Raffination des Obershagener Öles keine vollständige geworden, erst durch die weitere Migration und Filtration erhielt das Ölheimer Rohöl seinen höchsten Raffinationsgrad im Mittel- und Schweröle. Aus den Tabellen ist weiter ersichtlich, daß die Ölheimer Mittel- und Schwerölresiduen in ihren Eigenschaften ziemlich identisch sind — der Unterschied besteht nur im Paraffingehalte —, daß sie sich dagegen von den Obershagener Residuen durch ein bedeutend geringeres spezifisches Gewicht und entsprechend geringere Viskosität bei gleichem Flammpunkte unterscheiden. Die Wanderung und Filtration des Wietzer bzw. Obershagener Öles hat also hier tiefergehende Veränderungen hervorgerufen.

Zweifellos verursachte die Migration des Wietzer Rohöles in Obershagen die Entfernung der Hartasphalte und in Ölheim die gleichzeitige Abspaltung auch der Weichasphalte.

Zur Demonstration der Migration und Filtration an einem Laboratoriumsexperimente bediente ich mich einer Auswahl der in der Literatur beschriebenen Verfahren zur kalten Fraktionierung der Rohöle.

Für die Ausscheidung der Hartasphalte aus Wietzer Rohöl bewährte sich am besten das Holdesche Verfahren, welches darin besteht, daß ein Gemisch von 1 Tl. Öl mit 40 Tln. Normalbenzin nach 24stündigem Stehen die Hartasphalte niederschlägt.

Zum Versuche wählte ich ein Rohöl der E. B. G. W. Steinförde. Das nach obenerwähntem Verfahren vom Benzin befreite Öl hat die dunkelolivengrüne Farbe des Hänigser Rohöles der Rh. H. E. W. in Hänigsen, ist asphaltfrei, und sein im fraktionierten Destillationsapparat auf 350° abgetriebenes Residuum ist vollkommen identisch mit dem gleich abgetriebenen Residuum des Original-Hänigser Rohöles.

Um nun aus Obershagener Öl ein dem Ölheimer Mittel- und Schweröl analoges Rohöl bzw. Residuum zu erhalten, hat sich das

Daeschnersche Verfahren zur Ausscheidung von Asphaltstoffen aus schweren Rückständen der hannoverschen Öle am vorteilhaftesten erwiesen. Das Verfahren beruht auf der Ausscheidung der Weichpeche durch Amylalkohol im Verhältnis von 1 Tl. Öl zu 3 Tln. Amylalkohol.

Als Versuchsobjekt diente Obershagener Rohöl der Gewerkschaft Sidonie.

Vermittelst Amylalkohol wurden 18,5 Proz. Weichpech vom spez. Gew. 1,003 bei 20° ausgeschieden.

Das vom Weichpech und Amylalkohol befreite Rohöl war von grasgrüner Farbe und hatte folgende Eigenschaften:

Spez. Gew.	0,918½ bei 20°
Viskosität	28,5 bei 20°
Fraktionierte Destillation:	
Anfang	174°
Bis 250°	7,5 Proz.
„ 275°	13,5 „
„ 300°	20,5 „
„ 325°	31,0 „
„ 350°	52,0 „

Das über 350° zurückbleibende Residuum hatte:

Spez. Gew.	0,963 bei 20°
Viskosität	12,8 bei 100°
Asphalt	0 Proz.
Farbe	dunkelgrün.

Das Destillationsergebnis ist dahin zu korrigieren, daß dem behandelten Rohöl noch 2 Proz. Amylalkohol anhafteten, die wegen der bei stärkerer Erhitzung eintretenden Verflüchtigung der leichten Kohlenwasserstoffe nicht entfernt werden konnten.

Durch Demonstrationsversuche ist hiermit bewiesen, daß auf dem Wege der kalten Fraktionierung das Wietzer Rohöl in Hänigser und letzteres in Ölheimer Rohöl mit den Originaleigenschaften derselben umgewandelt werden kann.

Ein weiterer Beweis für die Möglichkeit der Wanderung und gleichzeitigen Filtration der in Betracht kommenden Öle bietet der anfangs Januar 1917 gemachte Ölfund der Rheinisch-Hannoverschen

Erdölwerke Hänigsen in Bohrloch 81. Das Öl ist zylinderölartig dick und repräsentiert sich nach der Migrationstheorie als das Mutteröl des Dollbergener Schweröles. Wie ich später beweisen werde, stehen Dollbergener und Ölheimer Öle in unmittelbarer Verbindung miteinander, jedoch fehlt bisher ein dem Dollbergener entsprechendes Ölheimer Schweröl. Das Dollbergener Schweröl von Zylinderölkonsistenz ist von grüner Farbe und vollständig asphaltfrei.

Bei einem eventuellen Vorkommen in Hänigsen müßte ein solches Schweröl nach der Voraussage und dem oben Erwähnten in drei wesentlichen Punkten von dem Dollbergener Vorkommen abweichen: Es müßte von dunklerer Farbe, spezifisch schwerer und visköser sein und schließlich eventuell Asphalt enthalten. Ohne Ausnahme treffen diese hier vorausgesagten Fundamentalunterschiede bei dem in einer Teufe von 203,50 bis 214 m erbohrten neuen Hänigser Rohöle, wie die untenstehenden Analysendaten zeigen, zu.

	Hänigsen	Dollbergen
Bohrloch	81	2
Teufe	203,50—214 m	41,50—43,90 m
Untersucht	Januar 1907	Mai 1907
Farbe	hellkaffeebraun	olivengrün
Benzin 1 : 40	undurchsichtig	—
Spez. Gew.	0,968	0,955
Flammpunkt	155°	151°
Viskosität bei 50° C	68,5°	47,5
Fraktionierte Destillation:		
Anfang	270°	285°
Bis 300°	6,0 Proz.	3,5 Proz.
„ 325°	15,0 „	12,5 „
„ 350°	52,0 „	46,5 „
Asphalt	0,32 „	0,0 „
Residuum über 350°, Asphalt	3,4 „	0,0 „

Mit derselben Präzision läßt sich auch die Migration für das Wietzer Leichtöl nachweisen. Es erübrigt sich daher jeder Demonstrationsversuch, und die nachstehenden Analysenübersichten in Verbindung mit dem bereits Gesagten beweisen die Abhängigkeit der Ölheimer, Dollbergener und Hopener Leichtöle vom Wietzer Leichtöllager, namentlich auch hinsichtlich des großen Paraffingehaltes, der allen Leichtölen eigen ist.

Während die Produktion des Wietzer Leichtöles im Laufe der Jahre bedeutend nachgelassen hat, ist diejenige des Ölheimer Leichtöles — aus einer einzigen Bohrung stammend — verhältnismäßig konstant geblieben, was daraus unter anderem auch erhellt, daß die Mineralölwerke F. Saigge & Cie. im Jahre 1914 noch 200000 kg dieses leichten Öles auf ihrem Werke in Peine verarbeiten konnten.

Aus alledem komme ich zu dem Schluß, daß das Wietzer Leichtöllager seiner Erschöpfung entgegensieht, und die Quellen des Ölheimer Leichtöles, die ihm noch heute einen ununterbrochenen Zugang verschaffen, ihrer Aufschließung harren. Jedenfalls ist aber auch dem Hopener Leichtölvorkommen die größte Aufmerksamkeit zu schenken.

Im Obershagener Revier ist das Leichtöl bisher noch nicht erschlossen worden.

J. Stoller[3]) weist nach, daß die Erdöllagerstätte von Hänigsen-Obershagen zu den sekundären Lagerstätten gehört und daß bisher keine Bohrung ein zweites Öllager erschlossen habe. Meines Erachtens ist dieses zweite Öllager, welches das Leichtöl Ölheims bzw. Wietzes mit den Eigenschaften des durch Migration entstandenen Obershagener Öles darstellen sollte, in einem tieferen Horizonte felsenfest vorhanden und wartet noch seiner Aufschließung.

Auf Grund der nachgewiesenen Migration und Filtration für das nordwestdeutsche Ölvorkommen gelange ich zu folgenden Fundamentalsätzen:

1. Die Ursprungsstätte des gesamten nordwestdeutschen Ölvorkommens ist im Wietzer Ölgebiete zu suchen, und zwar wahrscheinlich im Hauptverwerfungsgebiete an der Teufelsinsel.

2. Der mehr oder weniger hohe Raffinationsgrad der Öle in den einzelnen Erdölgebieten ist abhängig von der größeren oder geringeren Entfernung der Lagerstätte von dem Zentralsitze.

3. Die einzeln verstreuten Ölnachweise in Sehnde, Oberg, Dollbergen, Horst, Rieze, Hope stehen in ursprünglichem Zusammenhange mit der Ursprungsstätte, und die Asphaltfreiheit und lichte Farbe, in Verbindung mit ihrer größeren Entfernung vom Hauptsitze, beweist die Wanderung und Filtration in diese Gebiete.

4. Als Ergänzung für 3. möge dienen, daß jedes über Obershagen oder Ölheim in westlicher Richtung hinausliegende Ölvorkommen asphaltfrei und um so lichter in Farbe ist, je weiter sich seine Entfernung vom Ursprungsherde erstreckt, vorausgesetzt, daß es sich nicht um oxydierte Oberflächenöle aus Schürfbohrungen, wie z. B. diejenigen von Hordorf, handelt.

Tafel XX. Wietzer Residuen aus schwerem Rohöl der Erdölbohrgesellschaft Wietze m. b. H., Peine.

	Bohrwerk Warnecksche Wiese in Wietze								
Untersucht 1905:									
Spez. Gew. bei 20° C . .	0,950	0,957	0,959	0,962	0,964	0,966	0,968	0,973	0,976
Flammpunkt	169°	180°	190°	202°	213°	222°	231°	240°	250°
Viskosität bei 50° C . .	—	—	—	—	—	—	—	—	—
„ „ 100° „ . .	3,49	4,71	4,96	6,11	7,0	7,92	8,49	10,75	13,2

Tafel XXI. Obershagener Residuen aus Erdöl der Rheinisch-Hannoverschen Erdölwerke m. b. H., Peine.

	Bohrwerk Obershagen									
Untersucht 1909:										
Spez. Gew. bei 20°	0,953	0,955	0,957	0,967	0,968	0,970	0,974	0,985	0,988	0,990
Flammpunkt . . .	160°	173°	190°	213°	230°	240°	252°	268°	278°	282°
Viskosität bei 50°	43,0	60,1	64,3	256,0	291,0	368,0	—	—	—	—
„ „ 100°	4,05	4,91	5,10	8,3	11,12	12,6	13,77	19,4	23,3	29,2
Asphalt	0%	0%	0%	0,04%	0,06%	0,09%	0,10%	0,13%	0,16%	0,18%

Tafel XXII. Dannhorster Residuen aus Erdöl der Gewerkschaft Dannhorst.

	Bohrwerk Dannhorst				
Untersucht 1909:					
Spez. Gew. bei 20°	—	—	—	—	—
Flammpunkt	167°	184°	200°	225°	272°
Viskosität bei 50°	34,5	48,5	67,9	99,6	—
„ „ 100°	3,47	4,53	5,51	7,3	17,5
Asphalt	0%	0%	0,01%	0,05%	0,11%

Tafel XXIII. Ölheimer Residuen aus Mittelöl der V. D. P. W.

Lage:	Rechtes Schwarzwasserufer		
Spez. Gew. bei 20° C	0,930	0,932	0,962
Flammpunkt	165°	176°	280°
Viskosität bei 20°	118,0	—	—
„ „ 50°	15,0	18,8	—
„ „ 100°	—	—	11,2
Asphalt	0 %	0 %	0 %

Ölheimer Residuen aus Schweröl der Germaniawerke Dr. N.

Lage:	Linkes Schwarzwasserufer						
Spez. Gew. bei 20° C	0,922	0,923½	0,926½	0,928	0,929	0,930	0,932
Flammpunkt	144°	151°	160°	168°	173°	178°	181°
Viskosität bei 50°	8,77	9,62	11,3	13,02	15,4	17,0	21,5

Ölheimer Residuen aus Leichtöl der D. M. I., früher Arnemannsche Werke.

Lage:	Rechtes Schwarzwasserufer			
Spez. Gew. bei 20° C	0,905	0,910	0,912	0,914
Flammpunkt	145°	163°	173°	179°
Viskosität bei 20°	37,10	42,3	50,0	55,0
„ „ 50°	3,4	4,8	7,5	7,9
Kältetest	± 0°	+ 3°	+ 4°	+ 5°

Tafel XXIV. Analysenübersicht der Leichtöle von:

Ölgebiet:	Wietze	Ölheim	Dollbergen	Hope
Farbe	olivengrün	olivengrün	olivengrün	grünlich-braun
Spez. Gew. bei 20° C	0,880	0,849	0,881	0,832
Flammpunkt	26°	unter + 10°	65°	unter + 10°
Viskosität bei 20°	5,02	1,95	13,6	6,5
Kältetest	- 3° 1 mm	- 20° 10 mm	± 5° 5 mm	— 12° salbenförmig
Benzin 1 : 40	undurchsichtig	hellrot	hellrot	hellrot
Asphalt	0,26 %	0 %	0 %	0 %
Fraktionierte Destillation:				
Siedebeginn	100°	76°	85°	85°
Bis 150°	2,5 %	18,5 %	14,5 %	13,0 %
„ 250°	16,5 „	38,5 „	33,0 „	35,0 „
„ 275°	22,5 „	43,0 „	38,5 „	40,0 „
„ 300°	30,0 „	49,5 „	45,0 „	47,0 „
„ 325°	37,5 „	54,0 „	49,5 „	51,0 „
„ 350°	49,5 „	63,0 „	59,5 „	57,5 „
Rückstand, Asphalt	1,8 „	0,3 „	0,33 „	0,21 „

Tafel XXV. Dollbergener Rohöle.

Gewerkschaft:	W. G. E. B. Peine, Tochtergesellschaft der Mineralölwerke F. Saigge & Cie., Peine			
Lage:	Allerlinie, durchkreuzt von der Fuhse			
Ölgattung	Leichtöl	Schweröl	Schweröl	Mittelöl
Teufe	351 m	41,50–43,90 m	40,95–56,80 m	135 m
Bohrloch Nr.	I	II	III	IV
Datum der Untersuchung	Aug. 1907	Mai 1907	Juni 1908	Aug. 1908
Chem.-phys. Eigenschaften:				
Farbe	olivengrün	olivengrün	olivengrün	olivengrün
Spez. Gew. bei 20° C	0,881	0,955	0,953	0,912
Flammpunkt	65°	151°	145°	80°
Viskosität bei 20°	13,6	etwa 700 (47,5 bei 50°)	etwa 700 bei 20° (46,0 bei 50°)	17,8
Kältetest	± 0° 5 mm	± 0° 7 mm	± 0° 10 mm	- 20° 8 mm
Benzin 1 : 40	hellrot	hellrot	hellrot	hellrot
Asphalt	0%	0 %	0 %	0 %
Fraktionierte Destillation:				
Siedebeginn	85°	285°	279°	189°
Bis 150°	14,5 %	—	—	—
„ 250°	33,0 „	—	—	7,0 %
„ 275°	38,5 „	—	—	15,5 „
„ 300°	45,0 „	3,5 %	1,0 %	20,5 „
„ 325°	49,5 „	12,5 „	13,0 „	29,5 „
„ 350°	59,5 „	46,5 „	47,0 „	39,0 „
Rückstand, Asphalt	0,33 „	0 „	0 „	0 „

V. Zusammenfassung der Schlußfolgerungen, die sich aus den chemisch-physikalischen Eigenschaften, den Lagerungsverhältnissen, der Migration und Filtration ergeben.

1. Das nach Kraiß[4]) in der Unterscholle vorkommende Wietzer Leichtöl befindet sich in primärer Lagerstätte, während das Ölheimer, Dollbergener, Sehnder, Horster-Hoper usw. Leichtöl, aus ersterem durch Migration und Filtration hervorgegangen, sekundärer Natur ist.

2. Das Hänigsen-Obershagener Leichtöl sekundärer Natur, welches dem primären Wietzer Leichtöl entspricht, ist bis heute noch nicht nachgewiesen.

3. Das leichtere Dannhorster Öl steht mit den vorgenannten Leichtölen in keinerlei Zusammenhang, verhält sich vielmehr zu dem benachbarten Obershagener Öl wie kältebeständiges Wietzer Rohöl zu nichtkältebeständigem.

4. Das Muttererdöl aller nordwestdeutschen Schweröle ist das Allerlinienöl der Oberscholle des Zentral-Wietze-Steinförder Erdölgebietes mit dem Hauptsitze an der Teufelsinsel.

5. Die diversen Gruppenöle des Wietze-Steinförder Ölgebietes leiten sich von dem Muttererdöle ab, und zwar:

a) die stark verdickten kältebeständigen und nichtkältebeständigen Wealdenöle Hornbostels;

b) die visköseren kältebeständigen Öle der M. und H. W. E. W.;

c) die Wealdenöle Wiekenbergs;

d) die dickflüssigen und nichtkältebeständigen Öle der Wietzemündung und des linken Allerufers;

e) die stark verdickten, nichtkältebeständigen Öle des Bannetzer Reviers und des rechten Allerufers.

6. Die Erscheinung der heutigen, visköseren Beschaffenheit der Schweröle des Zentral-Wietze und Steinförder Erdölgebietes ist auf

die Erschöpfung des Primäröllagers und die dadurch bedingte Rückwanderung der nach Norden und Süden verdrängten Wealdenöle in ihre ursprüngliche Lagerstätte zurückzuführen. Es ist vollständig ausgeschlossen, daß ein Jahrtausende im Schoße der Erde gelagertes Öl sich im Laufe von wenigen Jahren grundverschieden verändern kann. Hiergegen spricht auch das Verhalten der Öle in geschlossenen Gefäßen bei jahrelangem Lagern. Die vollständige Identität des heutigen Teufelsinselöles mit dem Hornbosteler Wealdenöle beweist am besten die Rückwanderung der letzteren in ihre ursprüngliche Lagerstätte.

7. Der Zentralsitz der Hänigsen-Obershagen-Dannhorster Öle ist in Obershagen, im sogenannten Knoten zu suchen. Durch hydrostatischen bzw. Gasdruck wanderte das Obershagener Öl teils nach Hänigsen bis zum Teerkuhlenberge, auf welcher Wanderung es sich analog den nördlichen und südlichen Wealdenölen Zentral-Wietzes verdickte, teils nach Dannhorst. Der leichtere Charakter des Dannhorster Öles in Verbindung mit der lichteren Farbe und der weniger großen Kältebeständigkeit spricht für eine gleichzeitige Filtration des Obershagener Öles. Dem Ölfachmann ist es bekannt, daß manche Öle bei der Reinigung ihre Kältebeständigkeit einbüßen. Der Grund liegt in der durch die Reinigung geschaffenen Kristallisationsfähigkeit des Paraffins. Das Dannhorster Öl verdankt höchstwahrscheinlich dieser Erscheinung seine abweichenden Eigenschaften.

Wie in Wietze, so fand auch im Hänigsen-Obershagener Erdölgebiete durch die vor Jahren stattgefundenen Eruptionsausbrüche und durch intensive Aufschließungstätigkeit eine Entspannung der hydrostatischen bzw. Gasdrucke statt, wodurch neuerdings eine Annäherung der drei vorher geschiedenen Erdölbezirke nachgewiesen werden konnte als eine Folge der schwereren Beschaffenheit des heute aus alten Löchern produzierten Obershagen und Dannhorster Rohöles.

8. In Ölheim wurde von mir ein einziges, fast erschöpftes, produktives Bohrloch nachgewiesen, das früher leichtes Mittelöl, heute schweres Mittelöl liefert.

9. Durch die Migration und Filtration wurden nicht nur die Eigenschaften der Öle, wie ich schon an anderer Stelle erwähnte, verändert, es wurde auch der Paraffingehalt beeinflußt, derart, daß das Ölheimer

Mittelöl weniger kältebeständig als das Obershagener und dieses wiederum weniger kältebeständig als das Wietzer Schweröl der Allerlinie sich erweist.

Eine Ausnahme hiervon bildet das Ölheimer Schweröl der D. M. I.

10. Wie aus dem Obenstehenden zur Genüge hervorgeht, wanderte das Schweröl der Oberscholle in Wietze durch hydrostatischen bzw. Gasdruck in benachbarte Bezirke und erhöhte auf dieser Wanderung seine Viskosität im geraden Verhältnis der Entfernung zur Ursprungsstätte. Nach erfolgter Druckverminderung bzw. vollständiger Entspannung der Druckkräfte fand eine Rückwanderung des verdickten Öles nach der ursprünglichen Lagerstätte statt und dieses bildete auf der primären Lagerstätte nunmehr ein sekundäres Vorkommen.

Eine ähnliche Erscheinung konnte ich bei dem Leichtöle, wo es auch erschlossen wurde, nie feststellen, trotzdem die für das Schweröl klar zutage tretende Entspannung der Druckkräfte auch hier vorlag.

Weder das Leichtöl der Unterscholle in Wietze noch das in Ölheim hat auch nur eine Idee seiner ursprünglichen Eigenschaften seit seiner Erschließung geändert, wodurch der Beweis erbracht ist, daß das Leichtöl auf der ganzen Linie einen hermetischen Abschluß gefunden hat und sich in Wietze in primärer, in Ölheim, Dollbergen usw. in sekundärer Lagerstätte befindet.

VI. Das für die nordwestdeutsche Tiefbohrindustrie bestehende Interesse in planmäßige Bahnen zu lenken, um einer planlosen Geldvergeudung entgegenzuarbeiten.

A. Vorwort.

In der Tiefebene Nordwestdeutschlands treten an vielen markanten Punkten natürliche Ölauslässe, Teerkuhlen genannt, zutage. Unseren Vorfahren diente das aus den Kuhlen geschöpfte und geläuterte Öl zu allen möglichen technischen und medizinischen Zwecken. Diese natürlichen Ölaustritte sind jedoch räumlich beschränkt, und dabei kommen nur das Herzogtum Braunschweig und die Provinz Hannover in Betracht, neben einem bituminösen Kreidevorkommen in Hölle bei Heide in Holstein.

Es handelt sich um folgende Fundstellen natürlicher Ölauslässe: siehe auch L. Strippelmann[5])]:

1. Der Gemeindetrift bei Schöningen,
   Hordorf,
   Hötzum,
   Mönche-Schöppenstedt,
   Ölsburg,
   Oberg
   } im Braunschweigischen.
2. Sehnde,
   Eddesse, Edemissen, } Ölheim
   Hänigsen,
   Steinförde,
   Wietze,
   Verden
   } im Hannoverschen.

Diese Ölfundstätten lassen sich zwanglos in zwei markante Öllinien einreihen, und zwar 1. in die Hauptöllinie, auch die Allerlinie genannt, weil sie dem Allerflusse bis Verden entlang läuft und die

Teerkuhlenorte Ölheim, Hänigsen, Steinförde, Wietze, Verden passiert, und 2. in die Nebenöllinie, welche die Teerkuhlenorte bei Schöningen, Oberg, Ölsburg, Sehnde berührt und in den Asphaltgruben bei Limmer, Linden, Badenstedt bei Hannover endet.

Die mit Erfolg gekrönte Bohrtätigkeit auf der produktiven Allerlinie gelangte am Ende des vorigen und Anfang des jetzigen Jahrhunderts durch die Erschließung der Wietzer Spritzquellen zu einem gewaltigen Aufschwung und führte zu einer stetig günstigeren Entwickelung durch die Beteiligung einer Reihe von großen, deutschen Banken an der Aufschließung des Wietzer Rohöles.

Die gewaltigen Erfolge, namentlich auch in Hänigsen-Obershagen und teilweise auch in Ölheim, letztere durch die intensive Bearbeitung der früher Dr. Nordmann und Arnemann gehörigen Produktionsstätten durch die Deutsche Mineralölindustrie A.-G. Wietze, gaben natürlich auch Veranlassung zu einer intensiveren Bohrtätigkeit in den Gebieten der Hannover-Braunschweigischen Nebenlinie, über die zunächst berichtet werden soll.

B. Die Entwickelung der Erdölindustrie auf der Nebenlinie Hannover-Braunschweig.

1. Sehnder Ölvorkommen

L. Strippelmann berichtete bereits in seinem 1878 erschienenen Buche[6]), daß südöstlich, am Teerberge, eine Anzahl Bohrungen behufs Untersuchung des dortigen Ölvorkommens niedergebracht worden seien, von denen die tiefsten bis zu 600 Fuß reichten, jedoch zu keinem nennenswerten Ölaufschlusse geführt hätten; er hegte jedoch auf Grund der teilweise namhaften Ölmengen, welche bereits in geringen Tiefen unter Tage beobachtet und gewonnen wurden, große Hoffnungen auf das Sehnder Ölvorkommen und empfahl eine nochmalige systematische, den Verhältnissen entsprechende Untersuchung daselbst.

In den 80er Jahren des vorigen Jahrhunderts führte der in der Ölheimer Bohrindustrie bekannte Zivilingenieur Arnemann aus Hamburg im Sehnder Ölrevier eine Anzahl Tiefbohrungen aus, welche mit einem vollständigen Fiasko endeten. Ein leichtes, viel Petroleum enthaltendes Rohöl mit guten Eigenschaften wurde bei fast allen Bohrungen nachgewiesen, jedoch in solch geringen Mengen, die eine produktive Förderung außer Betracht ließen.

Angespornt durch seine großartigen Erfolge beim Aufschließen der Spritzquellen auf der sogenannten Teufelsinsel in Wietze, verlegte der bekannte Tiefbohrunternehmer F. Hasenbein aus Sehnde das Feld seiner Tätigkeit nach dem zu so vielen Hoffnungen berechtigenden Sehnder Ölreviere. Es wurden für Rechnung der Berliner Handelsgesellschaft sechs Tiefbohrungen an systematisch markierten Ansatzpunkten heruntergebracht, jedoch ein produktives Öllager nicht erschlossen.

2. Oberger Ölvorkommen.

Das Petroleumvorkommen bei Oberg, Kreis Peine, findet nach Strippelmann[7]) bereits in der „Oryktographia Hildesheimensis, Hildesheim 1669, Bitumen liquidum nigrum reperitur in nostro tractu prope Obergam“ Erwähnung.

Das auf Brunnen und Wasserpfützen sich ansammelnde Petroleum wurde zuerst im Jahre 1865 von einer Hannoversch-englischen Gesellschaft mittels Bohrung und Schachtbetriebes untersucht. Ein bis auf etwa 130 m vertieftes Bohrloch zeigte bei 16 m das erste Öl und bei etwa 90 m einen größeren Ölzufluß. Nach einer Angabe in der Zeitschrift „Petroleum“ [8]) sollen im vorigen Jahrzehnt verschiedene Unternehmer in der Oberger Feldmark nach Erdöl gebohrt haben. In Tiefen von 12, 18 und 45 m wurden Ölsandlager angefahren, die indes wegen mangelhafter Ausführung der Bohrungen eine größere Bedeutung nicht erlangen konnten. Eine dieser Bohrungen soll noch bis zum Jahre 1912 aus einer Tiefe von 45 m bei intensiverem Pumpbetriebe etwa 100 kg Erdöl vom spez. Gew. 0,935 täglich geliefert haben. Nach derselben Notiz soll gleichzeitig die Gewerkschaft Friedrich-Wilhelm zwei Bohrungen niedergebracht haben, wovon die erste bei 49 m eine Produktion von 2 Eimern täglich aufwies; die Bohrung wurde daher bei 152 m eingestellt. Die zweite Bohrung erreichte eine Tiefe von 200 m, kam jedoch bei etwa 100 m bereits in Gipsschichten. Außerdem wird erwähnt, daß die Gewerkschaften „Hansa“ und „Tannhäuser“ Terrains bei Oberg erworben hätten und mit den Bohrungen demnächst beginnen würden, man hat aber bis heute von einem erfolgreichen Aufschlusse nichts gehört.

Herr Bohringenieur Burggraf, Betriebsleiter der den Mineralölwerken F. Saigge & Cie. angegliederten beiden Tochtergesellschaften, der Erdölbohr-Gesellschaft Wietze, G. m. b. H. Peine, und der Rheinisch-Hannoverschen Erdölwerke, G. m. b. H. Peine, schreibt mir über seine frühere Bohrtätigkeit in Oberg das Nachstehende:

„Über die in den Jahren 1904/06 unter meiner Leitung heruntergebrachten Bohrungen diene Ihnen folgendes: Es handelte sich um eine Tiefbohrung, welche in unmittelbarer Nähe der alten Bartelschen Teerkuhlen, auf der Bartelschen Parzelle am östlichen Ausgange des Dorfes Oberg, nördlich von der Landstraße Oberg-Münstedt heruntergebracht ist und um sieben Flachbohrungen, welche ebenfalls im Zuge nach Münstedt, nördlich der Straße, hinlagen. Die Tiefbohrung ist bei 692 m eingestellt, die sieben Flachbohrungen haben Teufen von 15 bis 60 m erreicht. Die Tiefbohrung hatte bei 421 m einen Gasausbruch von kurzer Dauer, der so gewaltig auftrat, daß die Rohrtour zusammengedrückt wurde wie Papier und nicht gezogen werden konnte. Das Bohrloch mußte deshalb abgelenkt und in einer neuen Achse weitergeführt werden. Bei der späteren Untersuchung der etwa bei 421 m aufgetretenen Ölspuren äußerte sich Dr. Lange, Hannover, unterm 8. April 1905 wie folgt dazu: „Die eingesandte Probe bestand aus sogenanntem Ölschlamm und enthielt 15 Proz. eines schweren Rohöles von dunkelgrüner Farbe".

Die Flachbohrungen haben fast sämtlich Ölspuren gehabt, einige sogar recht gute. Die letzte Flachbohrung, unsere damalige Bezeichnung Bohrung Nr. 8, auf der Schriddeschen Koppel, welche heute noch offen ist, setzte seinerzeit täglich bis zu 8 Liter wasserfreies Erdöl von dunkelgrüner Farbe ab. Die ölführende Schicht bei dieser Bohrung liegt bei etwa 39 m.

Das Öl zeigte folgende Analysendaten:

Spez. Gewicht bei 15° C	0,9345
Fraktionierte Destillation:	
Von 190—220°	1,5 Proz.
„ 220—270°	3,0 „
„ 270—300°	4,5 „
„ 300—320°	3,0 „
„ 320—340°	6,5 „
„ 340—360°	6,0 „
„ 360 bis Verkohlung	67,5 „

Das Öl ist frei von Benzin.

„Beachtenswert ist, daß man im Dorfe Oberg, im Gasthause zur Post, schon bei 3 bis 4 m Ölspuren angetroffen hat; am Ostausgange des Dorfes, im Bartelschen Garten, hatten wir festgestellt, daß die Schicht bei 15 m lag, und weiter östlich wird das Lager, soweit man sich überhaupt im Streichen befindet, immer etwas tiefer angetroffen, so daß man es hier mit einem Streichen nach Osten, vielleicht auch mit einer kleinen Neigung nach Nordosten zu tun hat. Bei Herunterbringung der Tiefbohrung mußten wir für Kesselspeisung und Spülung Wasser haben, dasselbe wurde aus der Flachbohrung im Bartelschen Garten genommen, welche dauernd etwas Öl mitführte. Das Wasser war aber sehr salzhaltig.“

3. Petroleumvorkommen auf dem Reitling und bei Hordorf.

Nach Strippelmann[9]) wurden 1796 von einem Bergwerksunternehmer Koch in Helmstedt auf dem Reitling zwei Schächte niedergebracht, wovon der eine resultatlos blieb, während der andere bis etwa 12 m blauen Ton erreichte, woraus der Teer oder das Petroleum hervorquoll. Im Jahre 1804/05 wurden aus diesem Schachte 177 Tonnen, à 30 Pfund netto, 53 Zentner 10 Pfund Teer gewonnen. Derselbe Unternehmer teufte in Hordorf drei Schächte, à 10 bis 14 m Tiefe. Der Teergehalt war hier gegenüber dem Reitling geringer. Auf die Anregung des Prof. L. Harper aus den Vereinigten Staaten von Nordamerika wurde die Ölausnutzungsgerechtigkeit am Reitling an eine französisch-belgische Gesellschaft übertragen, die von 1872 bis 1876 außer etwa 33 Bohrlöchern von 10 bis 30 m Tiefe ein etwa 418 m tiefes Bohrloch niederbrachte, das ohne Ölführung im roten sandigen Mergel verlassen wurde.

Nach Prof. Hoyer[10]) wurde 1870 in dem nördlich von Hordorf gelegenen Papenbusche ein Schacht bis 23 m geteuft, wurde aber wegen Wasserzufluß eingestellt. 1872 soll ein daselbst angesetztes 118 m tiefes Bohrloch, der Virginia gehörig, wenig Erdöl gegeben haben und durchquerte dann ölfreie harte Tone. 1882 teufte die Continental Oil Co. beim Papenbusche und bei der Hordorf-Schapener Straße je ein Bohrloch, jedoch ergebnislos. 1883 legte eine Berliner Firma in dem Hordorf-Dibbesdorfer Walde etwa 20, doch nur 5 bis

12 m tiefe Schächte und mehrere Bohrlöcher bis 49 m. Der Ölzufluß war nicht nennenswert, etwa 50 kg täglich. Neuerdings hat nach demselben Autor die Mitteldeutsche Schürf- und Erdöl-Bohrgesellschaft nahe der Hordorf-Schapener Straße 18 Seichtbohrungen ausgeführt und in den meisten bis 17 m mächtigen Ölsand nachgewiesen.

Die Tiefbohrung der Gewerkschaft Rhein-Elbe an der Schapen-Hordorfer Kreisstraße, Parzelle 124a der Gemarkung Schapen, soll bis 263 m Teufe einen Sandstein mit Ölspuren angetroffen haben. Im Jahre 1908/09 hat die Gewerkschaft Regina zu Caan, Sitz Braunschweig, etwa 16 Schürfungen und eine Bohrung von 42,2 m Teufe niedergebracht, hat jedoch nur Ölsand bis etwa 6 m Tiefe mit geringen Mengen schwer auslaufenden Öles nachweisen können.

Dieselbe Gewerkschaft hat neuerdings Schürfungen im Volkmaroder Forst vorgenommen, die Handschächte sind etwa bis zu 7 m tief, ein Schacht ist jedoch tiefer. Sechs Handschächte sollen wöchentlich etwa 300 Liter Öl absetzen.

Am 2. November 1915 wurde mir von derselben Gewerkschaft ein aus einer Schürfbohrung stammendes Volkmaroder Rohöl zur Analyse übergeben. Die Untersuchung ergab folgendes Resultat:

Spez. Gew.	0,945 bei 20° C
Flammpunkt	130°
Viskosität	21,9 bei 50° (zylinderölartig dick)
Asphalt	1,50 Proz.
Fraktionierte Destillation:	
Anfang	270°
Bis 300°	6 Proz.
Bis 350°	31 „

Es handelt sich hier um ein oxydiertes und verdicktes Oberflächenöl.

4. Ölvorkommen in Horst bei Wippshausen.

Zur Zeit der Wietzer Hochkonjunktur wurde in Horst die Erdöl-Bohrgesellschaft Horst gegründet. Es wurden bis zu ihrer, vor einigen Jahren erfolgten Auflösung fünf bis sechs Bohrungen ausgeführt, davon eine bis etwas über 1000 m, die übrigen bis etwa 300 m. Eigentliche Fündigkeit hatten nur zwei Löcher aufzuweisen, aber auch nur in ganz geringem Maße, so daß die Löcher nur zeitweise gepumpt werden konnten und dann jeweilig nur zwei bis drei Faß Öl lieferten.

Das Öl war asphaltfrei, leicht und dünnflüssig, sowie fast durchsichtig.

C. Ölvorkommen in Holstein.

Das Ölvorkommen zwischen Heide und Meldorf, nach einem einzeln stehenden Wirtshaus „Der Hölle" benannt, datiert bis auf das Jahr 1854 zurück. Beim Graben eines Brunnens auf dem dortigen Höllengrundstücke wurde bei einer Tiefe von etwa 7 m reich mit Teer gefüllter Sand gefunden.

Die Firma Nissen & Volkens in Heide errichtete im Jahre 1858 eine Fabrikanlage zur trockenen Destillation des gewonnenen Ölsandes. 1866 wurde diese Fabrik als unrentabel wieder eingestellt.

Nachdem man im Jahre 1869 das Vorhandensein ölhaltiger Kreide unter dem Teersandvorkommen entdeckt hatte, entschloß man sich, Bohrungen auf größere Tiefe niederzubringen. Die erste Bohrung wurde bis 75 m heruntergebracht, bei 38 m traf man die Ölkreide. Weitere vier Bohrungen, wovon die eine bis auf 280 m Teufe niedergebracht wurde, bestätigten dies Resultat. 1874 wurde das obenerwähnte Bohrloch bis auf 330 m vertieft, doch wurde die Ölkreide nicht durchsunken. Gestützt auf diese Ergebnisse, wurde 1877 die Holsteinische Ölgruben-Kommandit-Gesellschaft gegründet, welche das durch Pumpenbetrieb geförderte Öl als Juraöl in den Handel brachte. Die Produktion soll nach Zeitschrift Petroleum [11]) bei Bohrloch Nr. 3 etwa 250 kg und bei Bohrloch Nr. 5 etwa 100 kg pro Tag betragen haben.

Erst im Anfang dieses Jahrhunderts begann eine intensivere Bohrtätigkeit seitens mehrerer Firmen.

Angeregt durch die mächtig emporblühende Wietzer Erdölindustrie, namentlich des von ihr erschlossenen Leichtöllagers südlich der Teufelsinsel, entwickelte die Internationale Bohrgesellschaft Erkelenz in Hölle bei Heide vermittelst eines groß angelegten Bohrparks eine intensive Aufschlußtätigkeit. Auch hier blieb der Erfolg aus.

Ebenso resultatlos verlief eine späterhin von H. Thumann, Halle, niedergebrachte Tiefbohrung an dieser Ölfundstätte, welche zwar bituminöse Kreide, aber kein Öl anfuhr, dabei aber bei etwa 1600 m ein mächtiges Steinsalzlager erschloß.

Eine mir im Jahre 1911 durch Herrn J. Petersen in Heide gütigst zur Untersuchung eingesandte Originalprobe des bei Hölle in Tiefe von 50 m erbohrten Öles hatte folgende Eigenschaften:

Farbe	dunkelbraun
Geruch	stark nach Benzin, scheidet an den Glaswandungen Paraffinkörnchen aus
Spez. Gew.	0,880 bei 20° C
Flammpunkt	unter 18°
Viskosität	8,02 bei 20°
Benzin 1 : 40	dunkelrot, scheidet nach 24stündigem Stehen merklichen Bodensatz ab
Asphalt	0,45 Proz.
Kältetest	± 0°, schwach fließend

Fraktionierte Destillation:

Siedebeginn	112°
Bis 150°	6,0 Proz.
„ 250°	21,5 „
„ 350°	24,5 „

Außer diesen angeführten, mit einem vollständigen Fiasko endenden Tiefbohrunternehmungen, sowohl in der Nebenlinie Südwest-Hannover bis Braunschweig als auch in dem Holsteinschen Erdölgebiete, wurden noch zahlreiche Tiefbohrungen niedergebracht, in der näheren und weiteren Umgebung von Peine, wie Vöhrum, Stederdorf, Woltorf, Rietze usw.

Die kostspieligen und im Grunde genommen resultatlosen Untersuchungen auf Ölvorkommen im ganzen Gebiete der sich von Südwest-Hannover bis über Braunschweig erstreckenden Nebenlinie sollten aber nunmehr endgültig eingestellt und die Kapitalsaufwendungen für sichere Bohransatzpunkte angelegt werden.

Aber wo sind diese glückverheißenden Ansatzpunkte zu suchen? Meiner Ansicht nach einzig und allein in der Allerlinie, also der Hauptöllinie Ölheim-Hänigsen-Steinförde-Wietze bis Verden.

D. Die Entwickelung der Rohölindustrie auf der Hauptöllinie genannt Allerlinie: Ölheim-Dollbergen-Hänigsen-Steinförde-Wietze-Verden.

1. Wietze.

Infolge der hochentwickelten Industrie auf dem gesamten Gebiete der Allerlinie erübrigt es sich, für den Zweck meiner Betrachtungen im einzelnen auf die Industrie zurückzugreifen, jedoch geben mir die Angaben des Herrn Alfred Kraiß[12]), daß durch die Verlegung des Bohrbetriebes auf das rechte Wietzeufer nach Auffindung des äußerst ergiebigen Leichtöllagers ein rascher und gewaltiger Aufschwung begonnen hätte, Veranlassung, einen kurzen, historischen Rückblick auf die Entwickelung der Wietzer Ölindustrie um die Wende des 19. Jahrhunderts zu werfen.

Im Jahre 1898 hatte die Wietzer Erdölproduktion, welche bis dahin in den Händen des bekannten Herrn Pook, späteren Maatschappy tot Exploitatie van Oliebronnen und den Herren Rheinhold und Schrader, späteren Hannoversch-Westfälischen Erdölwerken — beide Gesellschaften gehören heute zum Konzern der Deutschen Mineralöl-industrie, A.-G. Wietze, — einen derartigen Tiefstand erreicht, daß die sich in die Wietzer Erdölproduktion teilenden beiden Raffinerien: die Mineralölwerke F. Saigge & Cie., Peine und Dr. W. H. Lepenau in Salzbergen, fast ausschließlich vom ausländischen Rohölmarkte abhängig wurden. Der Wietzer Bohrbetrieb wickelte sich zu damaliger Zeit ausschließlich westlich des Salzhorstes auf der linken Landstraßenseite Celle-Schwarmstedt, gegenüber dem Warneckeschen Gasthause, ab. Es ist dies das Querverwerfungsgebiet, das von Hornbostel kommend, an der Teufelsinsel vorüberführt und in südwestlicher Richtung nach den Maatschappywerken verläuft. Gelegentlich einer Inspektion in Wietze, im Beisein der Herren Schrader, Dr. W. H. Lepenau und A. Lefebvre — letzterer Mitinhaber der Firma Mineralölwerke F. Saigge & Cie. in Peine —, wurde ich um eine Begutachtung gebeten, ob bei einer Verlegung des Bohransatzpunktes nach der rechten Landstraßenseite größere Erfolgsicherheit in Aussicht gestellt werden könnte. Angeregt durch meine geologischen Studien, besonders im Ölheimer Gebiete, und in der unten besonders behandelten Annahme eines Zusammenhanges zwischen Flußlauf und Öllager, schlug ich als Ansatzpunkt die nahe Wietze vor, fand aber keinen Anklang damit; ich erreichte jedoch, daß der nächste Bohrturm rechts der Landstraße, westlich neben dem Warneckeschen Hause aufgestellt und daselbst ein verhältnismäßig gutes Öllager ermittelt wurde.

Daraufhin pachtete ich für meine Firma, die spätere Erdölbohrgesellschaft Wietze, m. b. H., Peine, die am linken Ufer der Wietze gelegene Warneckesche Wiese, die später eine Goldgrube werden sollte.

Herrn Bohrunternehmer Fritz Hasenbein gebührt das unstreitige Verdienst, durch seine Initiative, auf dem Grundstücke der späteren Celle-Wietzer Aktiengesellschaft, zur Teufelsinsel gehörig und am rechten Wietzeufer gelegen, im Jahre 1899 die erste Ölfontaine, schweres Öl sprudelnd, angefahren zu haben.

Angeregt durch dieses Ergebnis, folgten noch im selben Jahre die angrenzenden Bohrgesellschaften der Maatschappy und der Hannoversch-Westfälischen Erdölwerke seinem Beispiele. Im darauffolgenden Jahre erschloß Herr Hasenbein auf der Teufelsinsel, einer der Berliner Handelsgesellschaft gehörenden Parzelle, eine Ölfontäne, Schweröl sprudelnd, der weitere selbstfließende Löcher folgten.

Mitte 1901 wurde am Südteile dieser Insel, direkt an der Wietze, ein selbstausfließendes Leichtöllager erschlossen bei einer Teufe von etwa 300 m.

Im Mai 1902 begann unsere Tochtergesellschaft, die Erdölbohrgesellschaft Wietze, m. b. H., Peine, ihren Bohrbetrieb auf der Warneckeschen Wiese.

Die beiden ersten Quellen lieferten im ersten Vierteljahre je 200 Faß tägliche Produktion frei hervorsprudelnden Schweröles. Nach Entweichen der das Öl herauspressenden Druckgase wurde der regelrechte Pumpbetrieb eingerichtet; die Ölproduktion gestaltete sich äußerst lukrativ bis zum Jahre 1916, wo infolge vollständiger Erschöpfung der unterirdischen Öllagerstätten der Betrieb eingestellt werden mußte.

Bei 22 niedergebrachten Bohrlöchern war nicht eine einzige Fehlbohrung vorgekommen. Diese hervorragende Aufschlußtätigkeit im Wietzer Ölgebiete führte zu einer Reihe neuer Ölaufschließungsgesellschaften, von welchen die bedeutendsten, die sich im Besitze der hauptsächlichsten Ölgerechtsamen befanden, im Jahre 1906 mit der Deutschen Mineralölindustrie, Aktiengesellschaft, Wietze vereinigt wurden, unter anderem die Maatschappy, die Hannoversch-Westfälischen Erdölwerke, die Vereinigten Norddeutschen Mineralölwerke, Celle-Wietze, Aktiengesellschaft und Wietzerdorf.

2. Hänigsen-Obershagen.

Abgesehen von einer Reihe teils Schürf-, teils Tiefbohruntersuchungen im vorigen Jahrhundert, die bis zum Jahre 1860 zurückdatieren, beginnt eine erfolgreichere Bohrtätigkeit mit dem Beginn des jetzigen Jahrhunderts, zur Zeit des Aufschwunges der Wietzer Ölindustrie.

Als die Vereinigten Deutschen Petroleumwerke, Aktiengesellschaft, Ölheim, in den Jahren 1903/05 nochmals mit Neubohrungen in Hänigsen, wovon die eine rechts von der Straße Celle ins Salzlager geriet, weitere drei in der Umgebung des Teerkuhlenberges nur geringe Ölspuren zeigten, ihre Aufschlußarbeiten begannen und sie später als ergebnislos niederlegten, nahmen die Erdölwerke Hänigsen 1903 ihren Betrieb im Hänigser Revier mit besserem Erfolge auf.

1907 wurden auf Grund ihrer ölfündigen Bohrlöcher im Revier Dannhorst die Erdölwerke Dannhorst, jetzt der Deutschen Mineralölindustrie, Aktiengesellschaft, gehörig, gegründet. Zur selben Zeit begann Deilmann, Dortmund, seine erfolgreiche Bohr- und Aufschließungstätigkeit im Obershagener Revier. Die Erfolge führten zu zahlreichen Neugründungen, an denen vor allem die 1909 ins Leben gerufene Rheinisch-Hannoversche Erdölwerke, G. m. b. H., Peine (Tochtergesellschaft der Mineralölwerke F. Saigge & Cie.) hervorragenden Anteil nahmen.

Die Zahl der bis heute niedergebrachten Bohrungen im Hänigsen-Obershagen-Dannhorster Erdölgebiet wird auf 400 bis 500 geschätzt.

3. Ölheim.

Die Gründung der Ölheimer Erdölindustrie beginnt mit der Aufschließung der im Jahre 1881 erbohrten Spritzquelle, Bohrloch Nr. 3, welche zur Gründung der damaligen Ölheimer Petroleumindustriegesellschaft A. M. Mohr, jetzige Vereinigte Deutsche Petroleumwerke, Aktiengesellschaft, führte. Dieses Bohrloch lag auf dem Grundstücke hinter dem jetzigen Bureaugebäude obenstehender Gesellschaft, etwa 20 m des Weges, der nach dem Arnemannschen Grundstücke führte (jetzige D. M. I.). Leider gingen die daran geknüpften, großen Hoffnungen nicht in Erfüllung.

Bis vor einem Jahrzehnt beteiligten sich drei Gesellschaften an der Ölheimer Bohrindustrie, nämlich neben der vorerwähnten größeren Gesellschaft die Germaniawerke von Dr. Nordmann und die Firma Zivilingenieur Theod. Arnemann. Letztere beiden Werke wurden vor etwa zehn Jahren von der Deutschen Mineralölindustrie, Aktiengesellschaft, Wietze käuflich erworben. Damit setzte eine intensivere Bohrtätigkeit ein.

Seit Bestehen Ölheims wurden wohl gegen 600 Bohrungen in der näheren und weiteren Umgebung niedergebracht, doch hat sich das winzig kleine, vom Schwarzwasser durchflossene Gebiet, als allein ölführend erwiesen. Die Produktion ist eine ziemlich gleichbleibende und wird auf 1 bis 1,5 Mill. Kilogramm Öl pro Jahr geschätzt.

4. Dollbergen-Abbensen.

In den Jahren 1906 bis 1909 entwickelte die Wietze-Geestemünder Erdölbohrgesellschaft, G. m. b. H., Peine, Tochtergesellschaft der Mineralölwerke F. Saigge & Cie., Peine, ihre Aufschlußtätigkeit in der zwischen Ölheim und Hänigsen, an der Fuhse gelegenen und durch die Allerlinie durchzogenen Gemarkung Dollbergen. Es wurden fünf Bohrungen niedergebracht mit folgenden Teufen und Ölhorizonten:

Bohrung	Teufe	Ölhorizont	Ölgattung
I	230,70 m	—	—
II	440,85 „	I. Horizont 41,50—43,90 m	Schweröl, frei fließend
		III. „ 351,10 m	Leichtöl
III	63,50 „	I. „ 40,95—56,80 m	Schweröl
IV	326,50 „	II. „ 135 m	Mittelöl
V	390,00 „	III. „ 360,30 m	Leichtöl

Das praktische Bohrergebnis war leider ein negatives, um so interessanter aber in wissenschaftlicher Hinsicht, da mit absoluter Sicherheit die Verbindung mit dem etwa 4 km entfernt liegenden Ölheimer Ölvorkommen zur Evidenz bewiesen wurde.

Das Leichtöl ist vollständig identisch mit dem Ölheimer Leichtöl, wenn es durch fraktionierte Destillation auf ein entsprechendes Residuum abgetrieben wird, wie nachstehende Gegenüberstellung beweist:

	Dollbergener Residuum aus Leichtöl	Ölheimer Residuum aus Leichtöl
Spez. Gew. bei 20° C	0,913	0,910
Flammpunkt	167°	169°
Viskosität bei 20° C	70,3	71,5
Kältetest	+ 5° C schmalzartig	+ 5° C schmalzartig
Benzin 1 : 40	dunkelrot	dunkelrot
Asphalt	0,28 %	0,30 %

Der Ölhorizont des Leichtöles liegt in Ölheim bei 110 m, in Dollbergen bei 350 bis 360 m Tiefe.

Das Dollbergener Mittelöl ist ebenfalls identisch hinsichtlich Farbe und chemisch-physikalischen Eigenschaften mit den entsprechenden Ölheimer Ölen, wie aus der Tafel XXV (S. 35) hervorgeht.

Ein besonderes Interesse beansprucht das bei etwa 43 m erschlossene Dollbergener Schweröl. Es wurden frei ausfließend etwa 10 000 kg gewonnen, die gleichzeitig mit Salzsole in eine Grube geleitet und abgeschöpft wurden.

Das auf den Mineralölwerken F. Saigge & Cie., Peine, verarbeitete Schweröl enthielt nur 3,5 % Wasser, hatte die Viskosität eines Zylinderöles von 5,01 bei 100° und 47,5 bei 50° mit einem Flammpunkte von 151° und einem spezifischen Gewichte von 0,955 bei 20°. Es war von schön olivengrüner Farbe und besaß, was das Interessanteste an diesem Oberflächenöl war, keine Spur Asphalt.

Die Profile der Bohrlöcher I bis V (Dollbergen) und des Bohrloches I (Abbensen) lasse ich nachstehend folgen.

Profil des Bohrloches Nr. 1 in Dollbergen.

Von Tage bis	33,00 m	Sand und Kies
„ 33,00 „	47,50 „	Ton mit dicken Steinen
„ 47,50 „	67,45 „	Ton mit Mergelschichten und dicken Steinen
„ 67,45 „	68,70 „	roter Ton
„ 68,70 „	75,00 „	Ton mit Mergelschichten
„ 75,00 „	100,00 „	schwarzer Schieferton mit Schwefelkies
„ 100,00 „	155,00 „	Ton mit Mergel- und Sandsteinschichten
„ 155,00 „	194,00 „	Schieferton mit Kalkstein u. Schwefelkies
„ 194,00 „	230,70 „	blauer Ton mit Schwefelkies von 202 bis 211 m, sogen. Donnerkeile (Belemniten).

Begonnen: 13. November 1906. Beendet: 7. März 1907.

Profil des Bohrloches Nr. 2 in Dollbergen.

Von Tage bis	9,50 m	grober Kies
„ 9,50 „	26,00 „	sandiger Ton mit Steinen
„ 26,00 „	37,50 „	Kies und Steine
„ 37,50 „	41,50 „	grauer, sandiger Ton mit **Ölspuren**
„ 41,50 „	43,90 „	**Ölsand,** Kies und **Öl**
„ 43,90 „	60,00 „	Sand und Kies
„ 60,00 „	67,10 „	grauer Ton und Schwefelkies
„ 67,10 „	104,00 „	grauer Ton
„ 104,00 „	158,40 „	grauer Ton mit Kalkstein
„ 158,40 „	203,75 „	harter Kalkstein
„ 203,75 „	231,00 „	Sandstein und Schwefelkies
„ 231,00 „	351,10 „	Sandstein, ab 340 m **Gase** und bei 351,10 m ein **leichtes Öl**
„ 351,10 „	356,70 „	Sandstein mit Ton und Schwefelkies
„ 356,70 „	403,50 „	feiner Sandstein, ab 381 m Schieferton und Schwefelkieseinlagerungen
„ 403,50 „	410,00 „	Schieferton
„ 410,00 „	426,00 „	Sandstein
„ 426,00 „	440,85 „	Sandstein mit Schiefertonschichten.

Begonnen: 23. April 1907. Beendet: 18. Februar 1908.

Profil des Bohrloches Nr. 3 in Dollbergen.

Von Tage bis	32,90 m	Sand und Kies und dicke Steine
„ 32,90 „	37,90 „	Ton mit dicken Steinen
„ 37,90 „	40,95 „	Treibsand
„ 40,95 „	56,80 „	Sand und Kies mit Wasser und **Öl**
„ 56,80 „	63,50 „	blauer, fester Ton.

Begonnen: 2. März 1908. Beendet: 9. April 1908.

Profil des Bohrloches Nr. 4 in Dollbergen.

Von Tage bis	4,50 m	Sand und Kies
„ 4,50 „	24,50 „	sandiger Ton mit dicken Steinen
„ 24,50 „	26,00 „	Sand und Kies

von 26,00	bis 33,00 m	Sand und Kies und Ton
„ 33,00	„ 45,50 „	Sand und Kies und dicke Steine
„ 45,50	„ 49,50 „	Ton mit Steinen
„ 49,50	„ 81,00 „	Kies und Schwemmsand
„ 81,00	„ 90,20 „	blauer, fetter Ton
„ 90,20	„ 105,30 „	grauer, fetter Ton
„ 105,30	„ 120,00 „	grauer, fetter Ton mit Schwefelkies
„ 120,00	„ 130,60 „	grauer, fetter Ton mit Sandsteinbänken
„ 130,60	„ 131,30 „	sehr harter Sandstein
„ 131,30	„ 135,00 „	milder Sandstein, bei 135 m **Gase** und **Ölspuren**
„ 135,00	„ 147,25 „	Ton mit Sandsteinbänken
„ 147,25	„ 162,50 „	Ton mit Schwefelkies
„ 162,50	„ 209,20 „	grauer Ton
„ 209,20	„ 326,50 „	grauer Ton mit Muschelkalkschichten.

Begonnen: 4. Mai 1908. Beendet: 31. Dezember 1908.

Profil des Bohrloches Nr. 5 in Dollbergen.

Von Tage	bis 24,50 m	Sand und Kies
„ 24,50	„ 47,20 „	Sand, Treibsand, grober Kies und dicke Steine
„ 47,20	„ 67,10 „	sandiger Ton mit Steinen und Sandschichten
„ 67,10	„ 89,70 „	sandiger Ton mit Schwefelkies und dicken Steinen
„ 89,70	„ 128,00 „	blauer, fetter Ton
„ 128,00	„ 223,00 „	blauer, fetter Ton mit Sandsteinschichten, die mit zunehmender Teufe mächtiger und härter werden
„ 223,00	„ 261,20 „	fester, harter Sandstein
„ 261,20	„ 301,20 „	fester, harter Sandstein mit Schwefelkies, bei 282,60 m Salzwasserzufluß
„ 301,20	„ 320,60 „	gelber Sandstein
„ 320,60	„ 390,00 „	teilweise sehr harter Sandstein, ab 383 m mit Toneinlagerungen

Begonnen: 12. April 1909. Zurzeit, 31. August 1909, noch im Betrieb.

Vervollständigung:

Von 390,00	bis 403,00 m	bei 360,30 m geringe **Ölspuren**, ab 383 m teilweise sehr harter Sandstein mit Toneinlagerungen.

Beendet: 22. Oktober 1909.

Profil der Bohrung Nr. 1 in Abbensen.

Gemarkung Abbensen, Parzelle 54, Kartenbl. 1, vom 2. Mai 1915 bis 9. Januar 1916.

Von Tage	bis 30,00 m	Sand und Kies
„ 30,00	„ 34,00 „	Sand und Kies
„ 34,00	„ 41,00 „	Kies mit Steinen
„ 41,00	„ 44,10 „	sandiger Ton und dann Sand und Kies
„ 44,10	„ 80,00 „	sandiger Ton
„ 80,00	„ 98,00 „	Ton mit Sandstein, dann sandiger Ton

von	98,00	bis 102,00 m	. . . . . .	sandiger Ton
„	102,00	„ 112,00 „	. . . . . .	sandiger Ton
„	112,00	„ 119,00 „	. . . . . .	sandiger Ton
„	119,00	„ 132,50 „	. . . . . .	sandiger Ton
„	132,50	„ 146,50 „	. . . . . .	sandiger Ton, sehr hart
„	146,50	„ 156,00 „	. . . . . .	sandiger Ton, sehr hart
„	156,00	„ 174,00 „	. . . . . .	sandiger Ton, sehr hart
„	174,00	„ 181,50 „	. . . . . .	sandiger Ton, sehr hart
„	181,50	„ 188,50 „	. . . . . .	sandiger Ton, bei 179 m Wasserzufluß
„	188,50	„ 192,00 „	. . . . . .	sandiger Ton
„	192,00	„ 218,00 „	. . . . . .	sandiger Ton
„	218,00	„ 229,00 „	. . . . . .	sandiger Ton, von 225 m ab sandiger Ton mit Schwefelkies
„	229,00	„ 244,30 „	. . . . . .	sandiger Ton mit Schwefelkies
„	244,30	„ 247,50 „	. . . . . .	sandiger Ton mit Schwefelkies
„	247,50	„ 262,00 „	. . . . . .	sandiger Ton, etwas heller
„	262,00	„ 270,00 „	. . . . . .	sandiger Ton
„	270,00	„ 271,00 „	. . . . . .	sandiger Ton
„	271,00	„ 273,00 „	. . . . . .	sandiger Ton
„	273,00	„ 281,50 „	. . . . . .	sandiger Ton
„	281,50	„ 287,00 „	. . . . . .	sandiger Ton
„	287,00	„ 289,00 „	. . . . . .	sandiger Ton
„	289,00	„ 290,00 „	. . . . . .	sandiger Ton

Die Bohrung ist bei 290 m eingestellt worden. Spuren von Erdöl wurden nicht angetroffen, auch sind in den zutage getretenen Gebirgsproben, wie auch auf der Spülung, keine Fett- oder Ölspuren wahrgenommen worden.

Die geologische Schichtenfolge beurteilt der beratende Königl. Bezirksgeologe Dr. Stoller in Berlin wie folgt:

Bis 43,5 m Diluvium; bis etwa 60 m diluviale Kreide, dann wahrscheinlich Kreidemergel;

bei 246 bis 256 m plastischer Mergel } vermutlich der oberen Kreide angehörend,
„ 256 „ 266 „ schiefriger Mergel }
„ 285 „ 290 „ hellgrauer Mergel und dunkler Schieferton.

E. Öllinie-Flußtheorie.

Die nahe Beziehung der produktiven Bohrlöcher zur Allerlinie und die merkwürdige Scheidung des Ölheimer Ölgebietes durch den Schwarzwasserbach in ein östliches Leicht- und ein westliches Schweröllager, sowie die Konzentrierung des gesamten Ölheimer Produktionsgebietes zu beiden Seiten des schwarzen Baches im engbegrenzten Raume brachte mich auf den Gedanken, daß vielleicht ein Zusammenhang zwischen den oberirdischen Flußläufen und den unterirdischen Öllagern bestehen könnte, obwohl ich eine Erklärung für diese Annahme nicht finden konnte.

Verschiedene Studien, die ich über Ölvorkommen an anderen Orten im Laufe der Jahre machte, haben mich aber in dem Gedanken des Vorhandenseins eines solchen Zusammenhanges bestärkt. Für das Ölvorkommen in Deutschland scheint das Bestehen von Öllagern an und in unmittelbarer Nähe von Wasserläufen auf einen solchen hinzuweisen.

Als Beispiel wäre zu nennen: die 6 km lange Öllinie von Steinförde bis jenseits der Wietzemündung in Bannetze, bei welcher der Flußlauf den bei Wietze geologisch festgestellten Querverwerfungen augenscheinlich in präziser Weise folgt. Die von Osten kommende Wietze nimmt gleichzeitig bei der einen Querverwerfung, die im Streichen Hornbostel, Teufelsinsel, Maatschappy, Wiekenberg liegt, plötzlich einen südwestlichen Kurs, den sie am Ausgange der Teufelsinsel in fast rechtem Winkel verläßt und ebenso charakteristisch wieder nordöstlich verlegt. Wie ich bereits an anderer Stelle besprochen habe, war die Teufelsinsel sowohl die Stätte der ehemaligen Sprudelquellen als auch der größten Ölproduktionen und des Leichtöllagers.

Die zweite Querverwerfung geht konform der ebenfalls plötzlich nach Südwest fließenden Aller bis zur Wietzemündung. Beide zur Allerlinie nordöstlich-südwestlich gerichteten Querverwerfungen, die durch die ebenso gerichteten Flußläufe markiert sind, zeichnen sich durch ergiebigen Ölreichtum aus, was auch speziell für das Allerrevier zutrifft. Ein Blick auf die geologische Karte beweist die intensive Bohrtätigkeit auf beiden Allerufern und die schließliche Verbindung der Aller- mit der nördlichen Wealdenlinie.

Die Hänigsen-Obershagen-Dannhorster Ölzone erstreckt sich von Süden nach Norden, steht also ebenfalls quergerichtet zur Allerlinie. Ihr mittlerer Teil besitzt im sogenannten Knoten (Revier Obershagen) eine Verbreiterung im Sinne der Allerlinie. Ein größerer Fluß bezeichnet allerdings hier nicht die Lage, jedoch bildet ein Bach die vielgewundene Gemarkungsgrenze Hänigsen-Obershagen, den Sitz der Sprudelquellen.

Auffallend erschien mir immer, daß gerade die Spritzquellen sich an diesen Verwerfungsstellen befinden, so in Ölheim, in Obershagen und auf der Teufelsinsel.

Der Wasserlauf bewirkt nicht nur eine scharfe Trennung der Öllager, wie in Ölheim, sondern die fündigen Öllöcher sind auch bald nur auf der einen, bald nur auf der anderen Seite zu suchen. Zudem zeichnet das Schwarzwasserufer auch die Tiefenverhältnisse vor, indem die Löcher auf der westlichen Seite des Schwarzwasserbaches tiefer sind als die der östlichen Seite, 130 bis 150 m gegen 60 bis 70 m.

Von Steinförde bis Zentral-Wietze einschließlich der Teufelsinsel ist das Produktionsgebiet der zahlreich nebeneinander liegenden Gewerkschaften fast ausschließlich auf der rechten Wietzeseite zu suchen. Während auf den zur Teufelsinsel gehörenden früheren Werken: Celle-Wietze und Berliner Handelsgesellschaft, jetzt D. M. I., das Schweröl fontänenartig am rechten Wietzeufer hervorsprudelte, versuchte man, allerdings mit negativem Erfolge, mit Dutzenden von Tiefbohrungen auf der gegenüberliegenden linken Wietzeseite auch nur Ölspuren zu entdecken, und zwar sowohl am westlichen wie am südlichen Ufer. Jedoch erschloß die Internationale Bohrgesellschaft an letzterem bei 300 m im Rät das Leichtöllager. Weiter flußabwärts auf dem Terrain der Erdöl-Bohrgesellschaft Wietze m. b. H., Peine wurden auf der linken Flußseite enorme Öllager erschlossen, während sich die Nachbarn am nördlichen Ufer mit zahlreichen Bohrungen vergeblich bemühten, einen Teil der dortigen Schätze zu heben.

In der Annahme, daß zwischen den oberirdischen Wasserläufen und den unterirdischen Öllagern ein Zusammenhang bestehen könne, regte ich für meine Gesellschaften den Erwerb von Ölgerechtsamen in Dollbergen an der Fuhse an. Ich gedachte, längs des Fuhselaufes in der Allerlinie Bohrungen vornehmen zu lassen. In der Tat wurde, wie bereits erwähnt, dicht am Ufer in einer Bohrung frei ausfließendes Öl gefunden, während abliegende Bohrungen resultatlos verliefen. Die am Flusse entlang laufende Ölzone wurde bis auf eine 2 km lange Strecke verfolgt und dabei, wie bereits früher gesagt, in den verschiedenen Bohrlöchern drei Ölhorizonte nachgewiesen.

Ich habe meine Ansichten über den Zusammenhang der unterirdischen Öllager mit den oberirdischen Wasserläufen sehr häufig in Fachkreisen geäußert in der Hoffnung, Material für die Begründung dieser Theorie finden zu können, aber im allgemeinen zeigte sich wenig Interesse für meine Auffassung, ja ihre Richtigkeit wurde vielfach bezweifelt, ohne daß einwandfreie Gründe von meinen Gegnern angeführt werden konnten. Ich verhehle mir nicht, daß man ein zufälliges Zusammentreffen geltend machen kann, jedoch können meine Beobachtungen und eigenen Studien dadurch nicht völlig entkräftet werden.

Ich bitte daher die Herren Geologen, meine Gedanken über den erwähnten Zusammenhang auf ihre Richtigkeit zu prüfen, und beschreite den Weg der Öffentlichkeit in der Erwartung, daß die Kritik meiner Auffassung Klarheit in die Sache bringen werde. Ich selbst bin zu wenig Geologe, um weitere Forschungen selbständig anstellen zu können. Ich will die Bemerkung nicht unterlassen, daß die Erdölbohrgesellschaft Wietze m. b. H., Peine bei ihren zahlreichen Bohrungen in der Nähe von Flußläufen in der Allerlinie auf meine Anregung hin verfahren ist, wie z. B. in Wietze auf der Warneckeschen Wiese, und daß sie dabei die besten Erfolge erzielt hat.

F. Schluß.

Ich habe im Verlaufe meiner chemisch-geologischen Untersuchungen den Beweis erbracht, daß als erstklassige Ansatzpunkte für systematische, bergmännische Untersuchungen des nordwestdeutschen Ölgebietes einzig und allein die Allerlinie unter Berücksichtigung der sie verfolgenden oder sie durchquerenden Flußläufe in genau definierten Ölzonen in Frage kommen. Ich erachte es nun als meine patriotische Pflicht, auf diese, meine Theorie, die den Befolgern nebenbei noch reiche, materielle Einkünfte verspricht, hinzuweisen und für dieselbe mit den mir zur Verfügung stehenden Erfahrungen als einer der ältesten Ölfachmänner Deutschlands und aller meiner Energie einzutreten.

Namentlich rufe ich der Deutschen Erdöl-Aktiengesellschaft, unter deren Fittichen 80 bis 90 Proz. der nordwestdeutschen Erdöl-Produktionsgesellschaften vereinigt sind, zu: „Heraus mit systematisch angelegten Tiefbohrungen, auch solcher bis 1500 m Teufe und darüber hinaus auf der ganzen Linie mit oder ohne Initiative der Königlichen Regierung.“

Wenn auch anerkannt werden muß, daß seit der Entdeckung der Wietzer Springquellen um die Wende des vorigen Jahrhunderts eine intensive Bohrtätigkeit sich entfaltet hat, so muß doch zugegeben werden, daß nicht eine einzige Tiefbohrung angesetzt worden ist, welche die Lagerstätte des Leichtöles in Hänigsen-Obershagen erreicht haben würde.

Auf Grund meiner Untersuchungen und der sich daraus ergebenden theoretischen Schlüsse ist das Hauptlager des Ölheimer Leichtöles noch nicht erschlossen und wahrscheinlich auch nicht in Ölheim zu suchen. Es spricht dagegen die verhältnismäßig geringe Tiefe von 100 bis 110 m des Ölheimer Leichtölhorizontes, das gleichzeitige Zusammenvorkommen mit dem in seinem ganzen Charakter vollständig verschiedenen Mittel- und Schweröle — der Schwerölhorizont liegt bei 130 bis 150 m —, ferner die in Dollbergen nachgewiesenen Leichtölhorizonte bei 350 und 360 m, die in Kommunikation mit dem Ölheimer Leichtölhorizonte stehen und schließlich der stetige und in seinen Eigenschaften seit über 30 Jahren unverändert gebliebene Zufluß aus der fast unversiegbar erscheinenden Quelle.

Meines Erachtens ist die Hauptlagerstätte des Ölheimer Leichtöllagers im Hauptverwerfungsgebiete in Obershagen zu suchen bei Tiefen von 1500 m und darüber hinaus.

Es würde mich freuen, wenn diese Schrift dazu beitragen sollte, die Aufmerksamkeit der interessierenden Kreise und des Kapitals auf diese im vaterländischen Interesse liegende höchst wichtige Angelegenheit hingelenkt zu haben.

Literaturangaben.

Nr. 5, 6, 7, 9.

Strippelmann: „Die Petroleumindustrie Österreich-Deutschlands," Abteilung 3, 1878, S. 14. u. 12.

Nr. 1, 4, 12.

Alfred Kraiß: „Geologische Untersuchung über das Ölgebiet von Wietze in der Lüneburger Heide." Archiv für Lagerstättenforschung, Heft 23. Berlin 1916.

Nr. 2 und 3.

J. Stoller: „Das Erdölgebiet Hänigsen-Obershagen in der südlichen Lüneburger Heide." Archiv für Lagerstättenforschung, Heft 14. Berlin 1913.

Nr. 8 und 11.

„Petroleum." Zeitschrift für die gesamten Interessen der Petroleumindustrie und des Petroleumhandels. Dr. P. Schwarz, Berlin. Bd. 1912, S. 1126 u. 194.

Nr. 10.

Engler-Höfer: „Das Erdöl." 2. Band, S. 244. Leipzig.

GPSR Compliance

The European Union's (EU) General Product Safety Regulation (GPSR) is a set of rules that requires consumer products to be safe and our obligations to ensure this.

If you have any concerns about our products, you can contact us on ProductSafety@springernature.com

In case Publisher is established outside the EU, the EU authorized representative is:

Springer Nature Customer Service Center GmbH
Europaplatz 3
69115 Heidelberg, Germany

Batch number: 10816681

Printed by Printforce, the Netherlands